农业机械信息化与智能化技术

◎ 杨立国　李小龙　主编

NONGYE JIXIE XINXIHUA YU
ZHINENGHUA JISHU

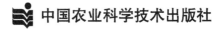

中国农业科学技术出版社

图书在版编目（CIP）数据

农业机械信息化与智能化技术 / 杨立国，李小龙主编 . —北京：中国农业
科学技术出版社，2020. 11 （2024.7 重印）

ISBN 978-7-5116-5082-5

Ⅰ.①农⋯ Ⅱ.①杨⋯②李⋯ Ⅲ.①信息技术-应用-农业机械②智能技术-
应用-农业机械 Ⅳ.①S22-39

中国版本图书馆 CIP 数据核字（2020）第 218910 号

责任编辑　穆玉红
责任校对　贾海霞

出 版 者　中国农业科学技术出版社
　　　　　　北京市中关村南大街 12 号　邮编：100081
电　　话　（010）82106626（编辑室）　　（010）82109702（发行部）
　　　　　　（010）82109709（读者服务部）
传　　真　（010）82106626
网　　址　http：//www.castp.cn
经 销 者　各地新华书店
印 刷 者　北京中科印刷有限公司
开　　本　710mm×1 000mm　1/16
印　　张　10.75
字　　数　200 千字
版　　次　2020 年 11 月第 1 版　2024 年 7 月第 4 次印刷
定　　价　56.00 元

《农业机械信息化与智能化技术》

编委会

目　　录

第一章　粮经产业农机信息化技术 ………………………………………… （1）

第一节　GNSS 农业应用 …………………………………………………… （1）

第二节　农机导航驾驶技术 ………………………………………………… （10）

第三节　农业环境信息采集技术 …………………………………………… （18）

第四节　农业生命信息感知技术 …………………………………………… （23）

第五节　深松智能监测技术 ………………………………………………… （27）

第六节　智能平地技术 ……………………………………………………… （38）

第七节　播种自动控制技术 ………………………………………………… （43）

第八节　肥料变量控制技术 ………………………………………………… （48）

第九节　收获智能监测与控制技术 ………………………………………… （54）

第二章　蔬菜产业农机信息化技术 ………………………………………… （60）

第一节　智能水肥一体化技术 ……………………………………………… （60）

第二节　设施农业物联网技术 ……………………………………………… （66）

第三节　自动化控制技术 …………………………………………………… （72）

第四节　作物长势监测技术 ………………………………………………… （74）

第五节　远程管理云平台 …………………………………………………… （77）

第六节　植物工厂技术 ……………………………………………………… （80）

第七节　园区病虫害预警技术 ……………………………………………… （83）

第八节　物理调控技术 ……………………………………………………… （85）

第九节　农产品食品质量安全溯源技术 …………………………………… （95）

第三章　林果产业农机信息化技术 ………………………………………… （96）

第一节　果园墒情监测技术 ………………………………………………… （96）

第二节　果园水肥一体化技术 ……………………………………………… （98）

第三节　果园植保无人机技术 ……………………………………………… （100）

第四节　自动化水果分级技术 ……………………………………………… （101）

第五节　果园自动导航驾驶技术 …………………………………………… （102）

第六节　果园对靶喷药技术 ………………………………………………… （103）

　第七节　果园虫情智能测报技术 ………………………………（104）

第四章　水产养殖农机信息化技术 …………………………………（105）
　第一节　池塘循环水智能控制技术 ……………………………（105）
　第二节　水产养殖智能化监控技术 ……………………………（106）
　第三节　智能投饲技术 …………………………………………（108）
　第四节　水产养殖数字化集成技术 ……………………………（112）

第五章　畜禽养殖农机信息化技术 …………………………………（114）
　第一节　养殖环境智能监控技术 ………………………………（114）
　第二节　精准饲喂技术 …………………………………………（116）
　第三节　数字化养殖管理技术 …………………………………（119）
　第四节　生猪发情及管理信息化技术 …………………………（123）

第六章　农机购置补贴信息化技术 …………………………………（124）
　第一节　北京农机购置补贴介绍 ………………………………（124）
　第二节　企业投档操作流程 ……………………………………（124）
　第三节　购机者操作流程 ………………………………………（125）

第七章　典型应用案例 ………………………………………………（128）
　第一节　北京市智能设施农业示范园区案例 …………………（128）
　第二节　北京市智能水肥一体化示范案例 ……………………（134）
　第三节　设施固液混合水肥技术示范案例 ……………………（137）
　第四节　建三江信息化建设案例 ………………………………（142）
　第五节　湖北深松监测系统案例 ………………………………（145）
　第六节　黑龙江大数据中心案例 ………………………………（148）

附录　国务院关于加快推进农业机械化和农机装备产业转型升级的
　　　指导意见 …………………………………………………（150）

参考文献 ………………………………………………………………（158）

附件 1 …………………………………………………………………（159）

附件 2 …………………………………………………………………（162）

第一章 粮经产业农机信息化技术

第一节 GNSS 农业应用

一、技术介绍

全球导航卫星系统（Global Navigation Satellite System，简称"GNSS"）是对北斗系统、GPS、GLONASS、Galileo 系统等这些单个卫星导航定位系统的统一称谓，也可指代其增强型系统，又指代所有这些卫星导航定位系统及其增强型系统的相加混合体，也就是说它是由多个卫星导航定位及其增强型系统所拼凑组成的大系统，GNSS 是以人造卫星作为导航台的星级无线电导航系统，为全球陆、海、空、天的各类军民载体提供全天候、高精度的位置、速度和时间信息，因此又被称为天基定位、导航和授时系统。

全球导航卫星系统是能在地球表面或近地空间的任何地点为用户提供全天候的三维坐标和速度以及时间信息的空基无线电导航定位系统（图 1-1）。

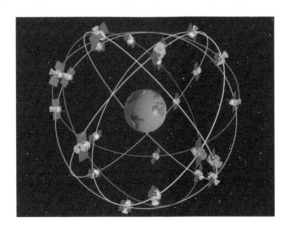

图 1-1 全球导航卫星系统示意

　　卫星导航技术是实现精准农业发展的基本组成要素之一，是实现农作物土壤监测，农机定位，自动化作业的基础。中国是农业大国，卫星导航技术结合遥感、地理信息等技术，使得传统农业向智慧农业加快发展，显著降低了生产成本，提升了劳动生产率，增加了劳动收益。最近几年，随着我国现代农业技术不断发展和应用，对 GNSS 导航技术定位精确度提出了更高的要求，依靠卫星导航技术实现分米乃至厘米级别的定位精度成为发展精准农业的基本保障。近些年，随着中国北斗卫星导航系统的完善建设和发展，卫星导航技术更加精细化，为地区乃至整个国家实现精准农业提供了可能，满足了发展精准农业高定位、低成本的需求。精准农业通过有效管理农业生产的空间差异，可以提高作物产量和减轻环境影响。GNSS 在精准农业领域的关键应用包括：拖拉机导航、自动驾驶、变量作业、产量监测、生物量监测、土壤状况监测、家畜跟踪、农业物流应用、农机监控和资产管理、地理溯源、农田测绘等。

　　精准定位是精准农业的技术基础。GNSS 可以实时确定农业机械位置，将原有的精度和速度进行提升，进而促进农业生产和作业效率的提高（图1-2）。

图1-2　作业示意

二、技术装备

1. 北斗卫星导航系统

　　北斗卫星导航系统是中国自主发展、独立运行的全球卫星导航系统。目标是建成独立自主、开放兼容、技术先进、稳定可靠、覆盖全球的北斗卫星导航系统，促进卫星导航产业链形成，形成完善的国家卫星导航应用产业支撑、推广和保障体系，推动卫星导航在国民经济社会各行业的广泛应用。北斗卫星导航系统由空间段、地面段和用户段三部分组成，空间段包括5颗静止轨道卫星和30颗非静止轨道卫星；地面段包括主控站、注入站和监测站等若干个地面站；用户段包括北斗用户终端以及与其他卫星导航系统兼容的终端。2012年12月27日，中国北斗卫星导航系统管理办公室正式宣布北斗卫星导航系统向亚太区域提供服务，目前，在中国及周边区域平均可以观测到8~9颗北斗卫星，完全可以满足导航、精密定位用户的需求。北斗卫星导航系统致力于向全球用户提供高质量的定位、导航和授时服务，包括开放服务和授权服务两种方式。开放服务是向全球免费提供定位、测速和授时服务，定位精度10m，测速精度0.2m/s，授时精度10ns。授权服务是为有高精度、高可靠卫星导航需求的用户，提供定位、测速、授时和通信服务以及系统完好性信息（图1-3、图1-4）。

图1-3　卫星导航系统

北斗卫星导航系统的建设与发展，以应用推广和产业发展为根本目标，不仅要建成系统，更要用好系统，强调质量、安全、应用、效益，其遵循以下建设原则。

（1）开放性。北斗卫星导航系统的建设、发展和应用将对全世界开放，为全球用户提供高质量的免费服务，积极与世界各国开展广泛而深入的交流与合作，促进各卫星导航系统间的兼容与互操作，推动卫星导航技术与产业的发展。

（2）自主性。中国将自主建设和运行北斗卫星导航系统，北斗卫星导航系统可独立为全球用户提供服务。

（3）兼容性。在全球卫星导航系统国际委员会（ICG）和国际电联（ITU）框架下，北斗卫星导航系统可与世界各卫星导航系统实现兼容与互操作，使所有用户都能享受到卫星导航发展的成果。

（4）渐进性。中国将积极稳妥地推进北斗卫星导航系统的建设与发展，不断完善服务质量，并实现各阶段的无缝衔接。

图1-4 运行示意

2. 北斗地基增强系统

北斗地基增强系统是以北斗卫星导航系统为主，兼容其他 GNSS 系统的地基增强系统，采用的地面基准站间距为 30~300km，是通过地面通信系统播发导航信号修正量和辅助定位信号，向用户提供厘米级至纳米级精密导航定位和大众终端辅助增强服务。北斗地基增强系统可以解决国家在高精度定位领域的安全隐患。按用户对精度的需求，卫星导航的应用可分为导航用户和精密定位用户两类。目前，我国农业、测绘、国土、城建、规划、水利等行业，及国家一些重大工程（如高铁）的建设，需要厘米级，甚至毫米级的精确定位，使用的技术手段 90% 以上为 GPS 的基准站差分定位技术。

一般来说，北斗地基增强网系统由北斗连续运行参考站网子系统、系统控制与数据中心子系统、用户服务子系统以及数据通信子系统等几个部分组成。数据通信子系统连接着参考站、系统控制与数据中心和用户服务子系统。各参考站点和系统控制与数据中心有网络连接，系统控制与数据中心从参考站点采集数据，利用数据处理中心软件进行处理，然后向各用户自动提供相关服务（图1-5）。

在功能和作用方面，北斗地基增强网系统不仅可以完全替代传统差分（单 GPS 或者 GPS+GLONASS），而且大大超出了传统差分站的功能和作用。它的最主要功能是让服务区内的用户实时获取带有时间标记的位置信息，通过数据通信网络，如卫星通信、因特网和广播网等，为需要测量和导航的用

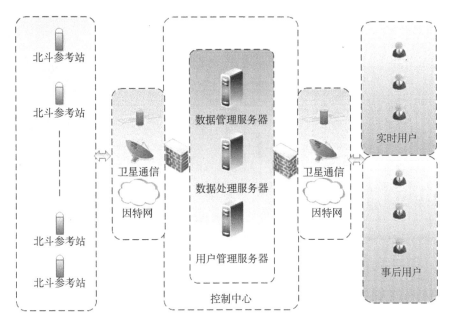

图1-5　北斗地基增强网的系统组成

户提供高精度的区域定位及相关观测等信息和服务。

3. 农用 RTK

RTK（Real-time kinematic）实时动态差分法。是实时处理两个接收站载波相位观测量的差分方法，可实时获取厘米级定位解，具有操作性强、应用范围广等优点。RTK 是一种新的常用的 GPS 测量方法，以前的静态、快速静态、动态测量都需要事后进行解算才能获得厘米级的精度，而 RTK 是能够在野外实时得到厘米级定位精度的测量方法，它采用了载波相位动态实时差分方法，是 GPS 应用的重大里程碑。

它的原理是将基准站上的 GPS 接收机所观测到的卫星数据，通过无线电台发送出去，而后位于移动站的 GPS 接收机不仅对卫星观测，也会对来自基准站的电台信号进行处理，最后给出一个移动站的三维坐标，并且估算出精度。

随着国家对农业的大力支持，农业自动化和智能化技术将会快速发展，而获取高精度的定位解是实现农田车辆自动导航的基础。

在植保无人机上，RTK 技术应用也较为广泛，RTK 通过两台接收机差分定位，定位精度能够达到厘米级。有效低卫星产生的误差、传播途径产生的误差和地面接收机产生的误差，RTK 应用于农业植保无人机无疑能够大大提高植保无人机的作业精度（图1-6）。

图1-6　无人机植保技术

三、应用效果

GNSS 应用主要包括农田信息采集、土壤养分及分布调查、农作物施肥、农作物病虫害防治、特种作物种植区监控以及农业机械无人驾驶、农田起垄播种、无人机植保等应用，其中，农业机械无人驾驶、农田起垄播种、无人机植保等应用对高精度北斗服务需求强烈。

精准农业中的卫星导航定位技术主要包括农业机械控制、精准病虫防治和灌溉、农田资源的普查和规划等。

1. 农业机械控制

卫星导航定位技术在农业机械控制中的应用主要包括变量施肥播种机、联合收割机、无人驾驶拖拉机等。

（1）变量施肥播种机。精细农业变量控制的出发点是把大田块细化为小田块，按小田块收集田间状态信息，根据其差异性做出作业决策，即依据当前土壤养分状况和作物生长状况等田间状态信息编制出田间施肥、播种等变量作业处方信息。作业处方信息包括田间不同区域应有的施肥量或播种量、定位信息、步进电机步进值等农事变量，并有针对性地加以实施。但不同的农田，信息分布空间差异较大，导致单位网格作业面积的大小定义差距较大，这样就必须根据网格大小采用不同精度的 GNSS 或 DGPS 数据。

（2）联合收割机。在联合收割机上安装全球定位系统接收机和地理信息系统，在农作物收获的时候，利用 GNSS 技术和产量传感器，由此获得农田作业区内不同区域、不同地块的农作物产量分布，这些数据经过处理后可以制作产量分布图。之后，再将影响农作物生产的种种因素数据输进计算机，从而通过产量数据对比的方式，确定农作物产量分布不均匀的原因，并且制定相应有效的措施，并由此设计出农业机械的智能控制软件。在农田作业过程中，根据按需投入的原则，推进分布式投入，并综合分析某个农田、具体田块的总产量有没有提高或者减少，然后制定新的针对性更强的田间投入方式。相应的利用农作物的产量分布图，可以控制联合收割机的行驶速度、割幅，从而控制收割速度、脱粒喂入量，达到最佳的收割效果和最大的收割效率。

（3）无人驾驶拖拉机。无人驾驶拖拉机是由固定操作站控制的无人驾驶农业机械，在卫星全球定位系统或在田间附近地面系统的导航下工作，具有以下优越性：可实现 24h 内连续精确作业；没有驾驶员，就没有必要安装驾驶室和操纵机构；可增加空间来安装农具，并减少机器重量，可提高机组工作效率（图 1-7）。

图 1-7　无人驾驶技术架构

2. 精准病虫防治和灌溉

卫星导航定位技术在精准病虫防治和灌溉中的应用主要包括精准喷药、精准灌溉系统等。

（1）精准喷药。精准喷药是运用 GNSS 监测病虫草害，进行预测预报的新手段，通过 GNSS 系统连接高质量视频摄像系统拍摄分析图像，可以收集原始数据，监测大田作物，得出田间病虫草害分布大小位置，并可以通过逐次拍摄确认害虫的迁飞路线、种群数量和为害程度，以及病虫草害发展方向及流行趋势。如要对大面积农田集中进行喷药，则可选择装有差分 GNSS（DGPS）的飞机。DGPS 航空导航系统可以引导飞行员从机场直接前往作业区，在已设计的航线和高度飞行喷洒药物，若飞行员加满药物再次返回作业区时，系统还能让飞机到达上次药物喷洒停止时的准确地点，以确保既无重复喷洒又无遗漏区域。

（2）精准灌溉。精确灌溉既能满足作物生长过程中对灌水时间、灌水量、灌水位置、灌水成分的精确要求，又能按照田间的每个操作单元的具体条件，精细准确地调整农业用水管理措施，最大限度地提高水的利用效率。在田间运用 GNSS 土地参数采样器采集植物生长的环境参数，如土壤湿度、地温等，通过 GNSS 中心控制基站，利用专家系统进行植物分析，可以调控植物生长环境，精确调控节水灌溉系统。

3. 农田资源的普查和规划

在精准农业中，综合应用卫星导航技术、GIS 和遥感技术，实现农田信息的数字化、可视化管理应用。技术人员利用 GNSS 手持机可以获得农田的地理位置信息。运用卫星定位测量技术，能够快速、高效、准确地量算出作业面积等参数。卫星导航接收机获得的农田定位信息通过 GIS 转化成相应的图形，同田间的各种信息结合，形成反映该信息的专题图和处方图，如肥力分布图、病虫害分布图等，用于农作物科学施肥、病虫害防治和估产等。

增加了卫星导航定位功能的土壤水分温度检测仪在测试土壤含水率的同时，还可以测定测点的精确定位信息（经度、纬度），随时显示采样点的位置信息，并可将位置和水分、组数等信息存储到主机内，也可通过计算机导出，能够反映土壤水分的空间差异。不仅有利于实施节水灌溉，同时精确供水也有利于提高作物的产量和品质。实现了含水率和三维位置信息的自动采样处理。通过卫星导航定位系统掌握土壤的水分（墒情）的分布状况，为差异化的节水灌概提供科学的依据，同时精确供水也有利于提高作物的产量和品质。

四、标准规范

依据 GB/T 17424—2019《差分全球卫星导航系统（DGNSS）技术要

求》，规定了差分全球卫星导航系统（DGNSS）的基本构成、播发台选址、技术要求、电文格式与电文类型、电文播发进程和沿海无线电信标–差分全球卫星导航系统发射特性。

1. 基本构成

DGNSS 由差分数据播发台、控制中心、DGNSS 接收台和导航卫星构成。差分数据播发台至少应设置 1 座基准台和 1 座无线电发射台，宜配套设置完好性监测台。基准台和无线电发射台的具体数量宜依据 DGNSS 服务可靠性要求、覆盖范围和交叉覆盖需求确定。控制中心由播发台远程控制系统及相应配套软硬件设施组成。DGNSS 接收台由 DGNSS 接收机、通信设备及各自的天线组成，也可配置微型计算机、打印机及其他显示终端设备。

2. 一般要求

（1）DGNSS 在覆盖范围内的水平定位误差应小于 10m（95%）。

（2）DGNSS 在覆盖范围内的完好性水平告警限度为 25m，告警时间为 10s，完好性风险为 10~5（每 3h）。

（3）DGNSS 向用户提供差分信息的更新间隔 1~3s。

（4）DGNSS 应采用 CGCS2000 坐标基准，并支持 CGCS2000 与现有常用坐标系统的转换。

（5）DGNSS 应公布服务范围，各区域的定位精度。

3. DGNSS 接收机

（1）通用 DGNSS 接收机至少应包括 GNSS 天线、接收机主机、数据输入/输出接口装置。

（2）接口与输出要求如下。接收机应有可供外接设备连接的输出接口，输出接口应输出记录的观测数据和定位数据；在基准站模式下接收机输出数据更新率应不低于 1Hz；应具备 RJ45 或 RS232 接口。

（3）技术特性。船载 DGNSS 海上无线电信标接收机技术特性应符合 IEC61108-4 的要求；接收频率范围至少在 283.5kHz-325kHz，选择步长为 500Hz；接收机有 $10\mu V/m$-$150\mu V/m$ 的动态范围。$10\mu V/m$ 是为了满足跟踪的要求，$20\mu V/m$ 是为了满足捕获的要求；在占用带宽内，信噪比为 7dB 的高斯噪声背景下，接收机工作的最大误码率为 1/1 000；接收机应具有足够的选择性和频率稳定性，工作频率间隔为 500Hz，频率容差为 ±2Hz；当任何导航解算失效时，设备应给出报警指示；对具有自动频率选择的接收机，则应能接收、存储和利用电文的信标历书信息。

第二节　农机导航驾驶技术

一、技术介绍

农机自动导航驾驶系统是实现农机自动定位导航的技术。农业机械自动导航是精准农业技术体系中的一项核心关键技术，广泛应用于耕作、播种、施肥、喷药、收获等农业生产过程。农机自动导航驾驶系统利用北斗、GPS、GLONASS卫星导航定位系统加上RTK模式获取高精度定位坐标数据，并采用高灵敏度角度传感器采样，再由控制器加入定位信息进行处理，并对农机的液压系统进行控制，从而控制车轮的偏移角度，使农机按照设定的路线（直线或曲线）自动行驶。

应用农机自动驾驶系统可以最大限度地提高作业幅宽的重叠与遗漏，又可以减少转弯重叠，避免浪费，节省资源。同时，应用自动导航驾驶技术可以提高农机的操作性能，延长作业时间，并能实现夜间作业，大大提高机车的出勤率与时间利用率，减轻驾驶员的劳动强度。在作业过程中，驾驶员可以有更多的时间注意观察农具的工作状况，有利于提高田间作业质量，为日后的田间管理和采收机械化奠定基础。系统总体作业如图1-8所示。

图1-8　农机自动驾驶系统总体作业

二、技术装备

1. 系统结构

整套系统由差分基准站、车载系统等构成。其中，差分基准站有固定式基站和便携式基站两种，根据拖拉机在固定区域还是经常会远距离跨区作业的使用场景进行配置。车载系统安装在拖拉机上，通过接收基准站传来的差分信息，达到高精度导航目的。移动式基准站如图1-9所示，固定式基准站如图1-10所示。

图1-9　移动式基准站

图1-10　固定式基准站

　　自动驾驶车载系统是集卫星接收、定位、控制于一体的综合性系统，主要由卫星天线、北斗高精度定位终端、行车控制器、液压阀、角度传感器等部分组成，如图1-11所示。

　　（1）农机自动导航显示器。定位终端是集北斗高性能卫星导航接收机，显示为一体，三星七频功能，其具有定位精度高、易于安装等一系列优点，如图1-12所示。具有三种数据传输模式、高精度定位技术。支持所有GNSS信号接收、20Hz的数据更新率提供车载级RS-232/422/485，USB2.0，以太网和SIM卡接口。

图1-11　自动驾驶车载系统

图1-12　农机自动导航显示器

　　（2）农机自动导航接收机。GNSS天线采用高增益多频天线，频率范围包含 GPS、GLONASS、北斗，具有抗震、耐高低温功能，如图 1-13 所示。

（3）ECU 控制器。ECU 控制器（图 1-14）主要用于车辆控制，在准确性和功能上有很好的灵活性。

图 1-13　农机自动导航接收机　　　　图 1-14　ECU 控制器

自动控制系统采用 ECU 控制器，由液压控制器套件或方向盘控制器套件组成，ECU 系统被设计成符合许多机型可用。ECU 可以安装在包括东方红、雷沃、约翰迪尔、凯斯、纽荷兰等多种品牌农机上，安装简单、可靠。

（4）液压阀。液压阀（图 1-15）作为系统的执行机构，其主要以液压油为工作介质，进行能量的转换、传递和控制。

液压阀采用合金材质，动作灵活，作用可靠，工作时冲击和振动小，噪声小，使用寿命长。流体通过液压阀时，压力损失小；阀口关闭时，密封性能好，内泄漏小，无外泄漏。所控制的参量（压力或流量）稳定，受外部干扰时变化量小。结构紧凑，安装、调试、使用、维护方便，通用性好。

（5）角度传感器。角度传感器（图 1-16）用于检测车辆前轮左右转向角度，采集当前角度值反馈给 ECU 控制器，提高车辆直线行驶精度。

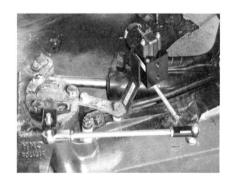

图 1-15　液压阀　　　　　　　　图 1-16　角度传感器

系统中角度传感器安装方式采用螺丝固定，通过连杆装置将车辆前轮转过的角度传输到角度传感器中转换为电信号反馈给 ECU 控制器。连杆装置采用铝合金材料，最大限度地保证车辆前轴与角度传感器的刚性连接，从而使检测的角度数据与实际角度数据相符。

2. 工作原理

车载系统安装在车内，将 GNSS 天线固定在车顶，通常将电台或者 3G/GPRS 固定在车外，接收来自参考站的差分信号，达到 RTK 解状态，并将定位信息传送给 ECU，ECU 通过 RS232 接收来自流动站的定位信息，结合角度传感器、陀螺仪感知行驶过程中的摆动与方向，经过数据处理，将控制信号传输给液压，并通过 WIFI 或者有线网络在平板电脑上显示相关图形化信息，液压控制器接收到控制信号，控制阀门开关，达到控制方向目的，作业拖拉机根据位置传感器（GNSS 卫星导航系统等）设计好的行走路线，通过控制拖拉机的转向机构（转向阀或者方向盘），进行农业耕作，可用于翻地、靶地、旋耕、起垄、播种、喷药、收割等农业，达到作业精准的目的。工作原理如图 1-17 所示。

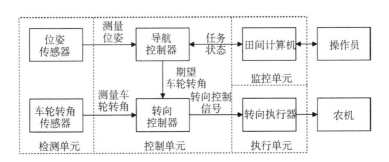

图 1-17　自动驾驶系统工作原理

三、应 用 效 果

在农业生产的耕、种、播、收、喷药、施肥工作中，自动导航农机可以提供准确的定时、定位。为耕整地、播种、起垄、施肥、喷药、收获的自动化和数字化提供保障。

1. 应用自动导航拖拉机可提高土地的利用效率和生产效率

当农业机械的行驶速度高且工作范围宽时，难以实现人工精确操作，并且经常发生遗漏、重复等现象。应用自动导航拖拉机，可以降低能源消耗，降低劳动强度，提高土地的利用效率和生产效率。试验和研究表明，采用自动导航拖拉机进行收获、施肥作业，可以降低作业遗漏率和重叠率。

2. 自动导航拖拉机应用效果

目前，传统的农机作业完全依赖驾驶员的驾驶经验，在直线度和结合线的精度上很难得到保证，尤其在地块较大的情况下，偏航的情况在所难免。偏差过大直接造成生产成本的加大和地块利用效率的降低。将农业卫星导航自动驾驶技术应用在田间作业的农业机械上，通过导航系统合理规划农田耕作线路，可以大大提高农田利用率，避免作业不均匀的情况，保证实施耕地、起垄、插秧、喷药、收获等农田作业时衔接行距的精度。基于北斗导航系统的农机自动驾驶技术可以大幅提升作业精度，提高土地利用率，降低生产成本，增加经济效益，减小作业机械对农田的重复碾压。

自动导航拖拉机在起垄、播种、耙地、收割、喷药、铺膜、犁地和中耕等作业中，可以准确实时的采集作业数据，监控生产作业的情况，为精准农业生产提供数据支持。

3. 在精密播种作业中

条田作业 1 000m 播行垂直误差小于 2cm，因为播行直，行间距、株距精确可控，避免了重播和漏播，为后期变量施肥、精准打药作业奠定物质基础，提高机械收获作业的采净率，降低成本，提高经济效益。

4. 自动导航拖拉机在耕地作业中

接茬精度可控制在 1~2cm，农艺作业质量高，土地利用率高，大大减少农作物生产成本投入增加了经济效益。

5. 自动驾驶技术可以提高农业机械的可操作性能

延长生产作业时间。自动导航拖拉机夜间也可以作业，能实现全天 24h 不间断工作，提高了农业机械的利用效率和经济效益。

6. 自动驾驶技术可减轻驾驶员的劳动强度

驾驶员不必操作方向盘，降低农业生产作业的技术复杂度，农机驾驶员作业培养的难度降低，同时在农业生产中农机驾驶员可集中精力进行农机作业机械的操作，作业质量高。

四、标准规范

依据 T/CAAMM 14—2018《农业机械卫星导航自动驾驶系统后装通用技术条件》及 T/CAAMM 13—2018《农业机械卫星导航自动驾驶系统前装通用技术条件》。

1. 技术标准

一般要求。导航驾驶系统应以 BDS（北斗）定位系统为核心，同时兼容至少两种卫星定位系统，例如 BDS（北斗）和 GPS 或 BDS（北斗）和 GLO-NASS。导航驾驶系统用差分基准站、数传电台和移动通信网络，应遵循 RTCM SC-104 差分通讯协议，能支持北斗厘米级定位。导航驾驶系统姿态航向测量传感器应具有横滚、俯仰和航向三个方向角度信号输出，横滚、俯仰两个方向的动态精度应满足导航驾驶系统定位精度要求。整机液压系统不允许有影响转向的渗漏油现象，当导向轮向左（或右）打到极限位置时，不应破坏角度传感器的保护装置（表 1-1～表 1-5）。

表 1-1 设计性能指标（原表见附件 1）

技术参数	性能指标
锁定卫星数量	≥5 颗（空旷环境下）
定位精度	规定的距离内：水平方向 $10mm \pm D \times 10^{-6}mm$，垂直方向 $15mm \pm D \times 10^{-16}mm$
工作环境温度	$-30 \sim 70℃$

注：D——测量距离，单位为 km。

表 1-2 作业性能要求

技术参数	性能指标
轨迹跟踪最大误差	≤4.0cm
轨迹跟踪平均误差	≤2.5cm
上线距离	≤5.0m
抗扰续航时间	≥10s
停机起步误差	≤5.0cm
作业轨迹间距平均误差	≤2.5cm

表 1-3 导航线跟踪精度指标

	横向偏差/cm
AB 线	±2.5
A+线	±2.5
圆曲线	±2.5
自适应曲线	±5

表 1-4　交接行精度（原表见附件 1）

类型	横向偏差/cm
AB 线	±2.5
A+线	±2.5
圆曲线	±2.5
自适应曲线	±5.5

表 1-5　组合导航单元技术指标（原表见附件 1）

序号	功能	指标
1	卫星星座	应支持 BDS、GPS、GLONASS 全星座
2	定位精度与可靠性（RMS）	RTK：±（10+1×10⁻⁶×D）mm（平面） ±（20+1×10⁻⁶×D）m（高程） 固定速度<10s 定位可靠性：>99.9%
3	姿态测量	应具有横滚、俯仰和航向三个方向的测量

2. 名词解释

（1）全球导航卫星系统。卫星导航系统的统称，包括全球的和增强的，如 GPS、BDS（北斗）、GLONASS 和 Galileo 等。

（2）载波相位差分技术。是一种实时处理两个测量站载波相位观测量的差分方法。

（3）车载接收机。导航驾驶系统中，用于实现车辆定位的导航接收机。

（4）导航线。农业机械作业过程中，需要行驶的路径为导航线。

（5）上线距离。在导航驾驶系统上线过程中，从启动自动控制模式的位置到进入稳定工作状态起始点的直线距离。

（6）稳态轨迹跟踪。上线后，由导航驾驶系统引导农业机械沿作业行继续前进至作业行终点的过程称为该系统的稳态轨迹跟踪。

（7）横向偏移误差。农业机械作业过程中，作业机具中心点偏离当前导航线的垂直距离。正负定义为：沿当前作业轨迹前进方向，作业机具中心点偏右时为正，偏左时为负。

（8）轨迹跟踪最大误差。在稳态轨迹跟踪阶段，作业机具中心点相对于当前导航线的横向偏移误差绝对值的最大值。

（9）轨迹跟踪平均误差。在稳态轨迹跟踪阶段，作业机具中心点相对于当前导航线的平均横向偏移误差的绝对值。

（10）停机起步误差。农业机械在稳定工作状态中，人工干预停车并将导航驾驶系统设置为手动模式，等待一段时间后再次启动自动导航控制达到指定作业速度和距离时，这个过程产生的导航误差为停机起步误差。

（11）作业轨迹间距平均误差。在稳态轨迹跟踪阶段，实际测量作业轨迹间距与预设作业轨迹间距之间平均误差的绝对值。

（12）生产查定。在生产试验过程中，按规定的程序、方法和内容，对样机连续进行不少于3个单位班次时间的跟踪，以获取相关数据（通常，单位班次时间按8 h计）。

（13）作业时间。在单位班次时间内，纯工作时间、地头转弯空行时间和工艺服务时间（停机加种、加肥、装苗和装卸物料等时间）之和。

（14）抗扰续航时间。卫星定位装置受到干扰后（卫星数量不足或者无法接收到 RTK 差分信号），导航驾驶系统可以保持稳定工作状态的持续时间。

（15）电动方向盘。指通过更换方向盘或在转向器处加装电机，实现拖拉机转向电控的装置。

（16）控制器局域网络。指一种 ISO 国际标准化的串行通信协议。

（17）航向偏差。当前拖拉机行驶方向与导航线期望行驶方向的偏移量。

（18）横向偏差。当前拖拉机位置与导航线垂直距离。

（19）入线距离。在导航驾驶系统上线过程中，从启动自动控制模式的位置到进入稳定工作状态起始点的直线距离。

（20）导航线。由用户规定的虚拟路线 0，由系统根据规定的虚拟路线 0 计算以后作业的虚拟路线 N，作业时拖拉机沿着这些规定的路线行驶，称这些虚拟路线为作业时的导航线。

（21）AB 线。通过两个点确定的一条直线。

（22）A+线。通过一个点和方向确定的直线。

（23）圆曲线。指规则的圆形的导航线。

（24）自适应曲线。指不规则曲线类的导航线。

第三节　农业环境信息采集技术

一、技术介绍

随着信息化进程的不断推进，信息技术的应用范围越来越广，在农业生产过程中也越来越重视信息技术的应用，无线传感网络为农业发展提供了重要支撑。它通过综合运用传感器技术、网络技术、无线通信技术和嵌入式计算技术等，实现了对农业生产各环节的监测。它监测范围广、监测数据准确，为农作物生长环境的改善作出了重要贡献。

无线传感网络最早应用于美国军事作战中，美国军方设计的 NSOF 系统，实现了在复杂的环境中，能够迅速收集侦查区域的情报信息，然后通过无线传感网络传送到总战术指挥网络区。与传统的独立卫星及地面雷达系统相比，它的优势更突出：一是大大提高了信噪比，该系统的分布节点多角度采集信息是其特有的；二是传感系统与需要探测目标的距离近，可以避免远距离传输环境噪声对系统的干扰。

环境监测主要通过使用由大量互联的微型传感器节点组成的传感网络，从而实现对环境不间断的高精度数据搜集。环境监测系统主要按照低成本、低功耗、实时性、精度高、稳定性的原则来设计。基于无线传感器网络的结构特点，结合环境监测的需求，环境监测系统的设计主要由传感器节点、网络协调器、及监控终端构成。在系统运行过程中，监测区域安装的传感器节点可以将温度和湿度的数据进行采集，然后经过信息网络协调器汇集后，通过监控终端进行一系列的分析、整理和存储，从而完成了对温度、湿度等数据的实时监测（图 1-18）。

二、技术装备

1. 农业环境在线监测仪

农业环境监测仪是一种由太阳能供电式采集仪和各种传感器所组成的农业监测系统（图 1-19）。可同时监测空气温湿度、光照强度、土壤温湿度、植物生理等参数，同时具备操作简便，检测迅速可靠等优点。设备中的数据通过 GPRS 的方式传输到 Web 端或手机 App 端，终端设备可远程实时监测数据信息。用户可为设备配置传感器报警条件，预置若干常用报警。其功能包括以下内容。

农业大田远程监测系统

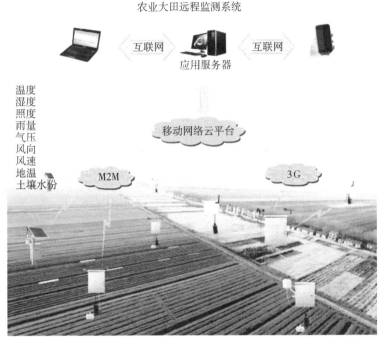

图 1-18 农业环境监测传感网络

（1）带太阳能，采集数据多。可采集空气温湿度、光照度、二氧化碳、土壤水分温度、土壤电导率、土壤水势、土壤热通量等 32 种传感器。

（2）数据存储容量大。数据可缓存约 50 万条数据。

（3）通信方便。设备内置 GPRS 无线通信，上传测量数据和远程设置功能。当出现网络故障时，后台将存储数据，网络恢复后，缓存数据将自动补发。

（4）功耗小，用时长。支持太阳能及 220V 供电，内置充电锂电池，一次充满，采集频率在 1 小时发送一次数据的情况下，使用时间不小于 200 天，须配备充电器。

（5）内置 GPS 模块实时采集 GPS 信息，设备信息上传到本系统地图中。

（6）异常报警。传感器数据超出预设的上限或下限、传感器被移位（移位超过 300m）、传感器电量过低（低于 20%）或通信流量不足（低于月流量的 10%）时，将通过手机或 Web 端进行报警，提醒用户处理异常情况，另外设备本身提供 LED 灯提示及语音提示。

（7）流量管理。服务端远程管理无线数据流量和通信卡的资费，可将每月剩余流量储存起来，分配到其他设备中。

（8）使用简单。二维码扫描注册即可使用。

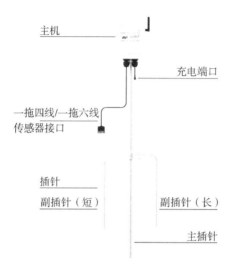

图 1-19   农业环境在线监测仪

2. 手持式气象仪

手持式气象仪主要由主机和传感器组成，是便于携带，可手持操作的农业气象仪器，因此也叫手持气象站、便携式无线农业气象远程监测系统（图1-20）。该手持式气象仪操作简单，监测参数多，数据可在线查看和管理，

图 1-20   手持式气象仪

监测参数可按需配置。可检测温度、湿度、光照强度、光合有效辐射、风向风速、雨量、二氧化碳浓度、土壤温度、土壤水分、土壤 pH 值、土壤盐分、土壤紧实度、总辐射功能。

（1）自带无线传输功能，通过 GPRS 上传，所测量数据可通过一键发送或设置数据发送间隔，实时发送至服务器，上网页查看数据，无论身在何处只要能上网，均可查看下载数据。

（2）含手机 App，支持安卓及苹果系统，无论身在何处只要能上网，均可查看实时数据。

（3）低功耗设计，增加系统监控和保护措施，避免系统死机。

（4）中文液晶显示，可显示当前日期时间，各传感器测量数据，存储容量，已存储数据条数等信息。

（5）主机数据存储容量大：设备内部 Flash 可存储最近 3 万条数据，标配 4G 内存卡可无限存储，亦可与 Flash 中数据同时存储。

（6）内置锂电池供电。7.4V2.8Ah 锂电池，具有充电保护、电压过低提示功能。外接电源为 8.4V（1 000mA 以上）直流电源。

（7）采集设置：在无人看守的情况下使用，可设置定时采集，也可手动采集。

（8）语音设置：可根据需要设置语音播报功能开/关/超限开。

（9）语音报警功能。主机语音设置为超限开后，即可语音播报超限信息。

（10）主机可通过集线器接入不同类型的传感器，互不影响精度。

（11）自带 GPS 定位功能，数据采集时可自动显示采集点地理坐标。

（12）可扩展传感器类型及数量，最多 32 个种（扩展线为 IP67，一体结构）。

传感器技术参数见表 1-6。

表 1-6　传感器技术参数（原表见附件 1）

测定指标	参数	测定指标	参数
温度	范围：-40~120℃ 精度±0.4℃ 分辨率：0.1℃	雨量	范围：0~4mm/min 精度：±0.1mm 分辨率：0.1mm
湿度	范围：0~100%RH 精度±3%RH 分辨率：0.1%RH	CO_2 浓度	范围：0~2 000mg/kg（如果要 5 000 mg/kg 或以上范围，订货前通知） 精度：±（50mg/kg+测量值×3%） 分辨率：1mg/kg

(续表)

测定指标	参数	测定指标	参数
露点	范围：-40~120℃ 精度±0.4℃ 分辨率：0.1℃	土壤温度	范围：-40~100℃ 精度：±0.5℃ 分辨率：0.1℃
光照强度	范围：0~200 000Lux 分辨率：1Lux 精度：±2%	土壤水分	范围：0~100% 精度：±3% 分辨率：0.1%
光合有效辐射	范围：0~2 700μmolm^{-2}s^{-1} 精度：±1μmolm^{-2}s^{-1} 分辨率：1μmolm^{-2}s^{-1}	pH 值	范围：0~14pH 精度：±0.5
风向风速	范围：0~45m/s 精度：±（0.3+0.03）m/s 风向：0~359° 精度：风向±3°	土壤盐分	范围：0~23ms/cm 精度：±2% 分辨率：0.01ms/cm
土壤紧实度	范围：0~100kg 精度：±5%	总辐射	范围：0~2 000w/m^2 精度：1w/m^2

三、应用效果

开展各个发育期的农业气象指标库的建设，为科学田间管理提供科技支撑，为作物的生长环境保驾护航。科学的田间管理，将大大提升作物的成活率和生长状况，为农民带来效益。此外，农气技术人员可以充分利用自动观测站，及时采集可靠、详实的气象数据，为各发育期提供科学周到的气象服务，还能够为特色农业提供气象保障，为农业生产防灾减灾和趋利避害提供科学指导，让现代农业生产在气象保障下能够顺利进行。

农田环境监测可以有效地获得农田环境的物理信息，主要适用于农田、果园、草场、科研等农业生产活动相关的环境监测。它主要观测与作物生长相关的土壤温度、水分、气温、湿度、风向、风速、气压、雨量、光照强度、辐射等环境相关的参数，可选配紫外线辐射、二氧化碳、一氧化碳、二氧化硫等参数。有效预防自然灾害的发生，同时可为作物栽培提供气象服务，促进农业的增产增收。并通过多种方式上传到云平台利用大数据技术对数据进行分析，从而有效地帮助人们精准施肥和精确灌溉。平台还包括智能农业云平台系统，可以获得农田的视频监控图像信息，帮助人们更好地管理农田。通过配合应用环境监测设备有利于农田环境信息的获取，提高农业的生产效率。

第四节　农业生命信息感知技术

一、技术介绍

农业生命信息感知技术通过放置多个物联网设备和传感器，收集实时数据，农民和农业公司可以提高农业生产的质量和数量。设备，拖拉机，收割机和其他机械的连接使得能够收集有关作物和土壤的先进信息，并将其转化为直接价值，包括创建作物产量图，与灌溉系统沟通以及智能水管理。

农作物生长状态是调控作物生长、进行作物营养缺素诊断、分析和预测产量的重要基础和根据。利用计算机技术对植物生长状态监测，是计算机视觉研究的热点。农作物养分与生理信息检测是实现精细化农业的重要手段。农作物生理信息主要包括营养状态、生长形态及农作物所受病虫害等信息，通过对生理信息的有效检测与利用，可判断农作物长势，分析出农作物生长对不同养分的需求，再通过检测土壤成分信息（包括氮、磷、钾及有机质含量）来优化调整肥料成分配比，实现精准施肥，有助于提高农产品的产量和品质状况；通过对农作物生理信息的有效检测与利用，可预测农作物病虫害情况及发展趋势，在此基础上调节农药使用量，尽量降低农药使用量，减少污染，实现更精细的农业生产管理；通过对生理信息的有效检测与利用，可实现农作物产量预测，对后期农产品存储与流通具有重要的参考意义。因此，研究农作物养分与生理信息的感知技术，有利于实现精细化农业生产，若在农业物联网中能实现对农作物养分与生理信息的有效感知，必将有助于农业物联网的进一步推广与使用。

光谱感知技术能够在紫外、可见光、近红外和中红外等较宽的电磁波谱区域内，为感知目标提供多波段的光谱信息，从而能快速无损地辨别和区分目标物质成分，实现对目标物性质的无损分析。光谱感知技术的发展为信息测量应用开辟了新的领域，其开始成为现代农业生产中农业信息获取的技术手段之一，可有效感知农作物养分与生理信息。

二、技术装备

1. 叶面湿度传感器

叶面湿度传感器是测量植株叶面湿度的传感器。叶面湿度传感器采用介电常数法原理，不同物质的介电常数是不同的，采用这一原理可以测量叶面水份的大小。全天候记录叶面表层湿度的变化，可正点定时或自由设定间隔时间采集叶面湿度信息（图1-21）。

叶面湿度传感器技术参数如下。

工作电源：5~12V；测量范围：0~99.9%；分辨率：0.1；精度：<10%；线性度：全量程±1%；稳定性：年变化小于±2%；响应时间：2s；工作环境：-20~70℃；相对湿度：0~95%（没有水汽凝结）；仪器外形尺寸：235mm×142mm×115mm。

2. 叶面温度传感器

叶面温度传感器是一种微型触式探头，可测量叶子的绝对温度。叶面温度传感器采用轻型不锈钢线夹，通过玻璃封装的高精度电热感应器，测量直径精度约达毫米。安装前先需固定茎秆上的传感器信号处理器盒、电缆，避免传感器发生偏移；打开上、下夹使传感器与叶子固定，且需要将传感器探头（电热调节器）置于叶子背阳面且充分接触，安装时应避免经常按、压探头，如野蛮操作可能导致损坏（图1-22）。

 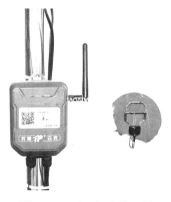

图1-21 叶面湿度传感器　　　　　图1-22 叶面温度传感器

叶片温度传感器技术参数如下。

测量范围：0~50℃；精度：0.1℃；供电需求：AC220V 50Hz；探头尺寸（mm）：55×20×10；探头净重：1.6g；电缆长度：1m。

3. 果实膨大传感器

果实膨大传感器是一种高精度位移增量传感器，在15~90mm直径范围内，绝对位移传感器记录了完整果实的生长尺寸。安装时选一个果实与传感器相连，移开夹爪，这样传感器可根据需要固定果实；检查传感器是否能牢靠地固定果实，且在缓慢外力作用下，果实不易落；固定传感器缆线，避免传感器发生偏移；定期检查传感器定位（图1-23）。

果实膨大传感器技术参数如下。

测量范围（mm）：15~90；分辨率：0.001；操作温度：0~50℃；温度波动（温度误差）：<总量程的0.02%/℃；防护指数：IP64（IP为工业特性）；电缆长度：1m；通信：470M频段无线通信；供电：由AC220V 50Hz电源供电。

图1-23 果实膨大传感器

4. 茎秆微变化传感器

茎秆微变化传感器是一种高精度位移增量传感器，用于微米范围内茎秆直径微变化的监测，可以用于研究灌溉率等环境因素对水量平衡和植物生长的影响。安装时选一个适于传感器安装的杆，通过转动调节螺母，使前端调节卡爪远离位移传感器；在传感器的卡爪间，固定茎秆，转动调节螺母，使前端调节卡爪移回，直至卡爪触到茎秆；继续转动调节螺母直至杆定位，若测量茎秆生长，有效位移应在杆量程的始端的某个位置。若测量茎秆（直径）缩短，应在杆量程末端的某个位置。其余情况下，将传感器置于上面所述位置的中间某处。固定茎秆上的传感器电缆，避免传感器发生偏移（图1-24）。

茎秆微变化传感器技术参数如下。

通信：470M频段无线通信；供电：AC220V 50Hz或直流DC9V（选配）；测量范围：0~5mm；被测茎秆直径范围（mm）：5~25mm、20~70mm；分辨率：0.001mm；操作温度：0~50℃；温度影响：< FS

0.02%/℃；防护指数：IP64（IP 为工业特性）；探头和信号调节器间的电缆长：300mm。

图 1-24　茎秆微变化传感器

三、应用效果

1. 机器视觉技术在作物营养状况监测方面的应用

作物的生理生化指标的变化直接影响了作物的生长发育状况。如作物体内的氮、磷、钾等营养元素，缺乏任何一种都可能会引起作物的发育不正常。农作物叶片能体现农作物的营养状况信息。叶片颜色能够直观地反映植物叶绿素含量的变化，用于表征作物光合作用能力、营养状况及水分含量等栽培信息，农作物生长过程中缺乏某种生长的营养元素，就会通过外观的颜色、纹理和形状变化表现出来，体现为相应的缺素症状。因此，通过采集和分析变化信息，能提供有效的诊断依据。运用数字图像分析与处理的方法对缺素类别进行识别，具有低成本、高效率、高精度等优点，是建立农作物营养智能分析与检测的重要途径。目前，基于农作物叶片图像的分形特征和颜色特征的检测方法受到人们的关注。

2. 机器视觉技术在作物果实成熟度监测方面的应用

近年来，在成熟果实智能化识别研究上，机器视觉技术已经成为关注的热点之一。不少学者在各种作物的果品上，利用图像处理技术，根据果实外形、颜色的变化特征，研究了较有成效的识别方法，包括 OTSU 法、K-means 法、模糊 C 均值聚类法、反向传播（Backpro Pagation，BP）神经网络法、径向基（Radial Basis Function，RBF）神经网络法等，实现了成熟果实的智能化识别。

3. 机器视觉技术在作物病虫害程度监测方面的应用

在农业生产与科研上，作物病虫害监测以及生长状态识别主要是靠人工来进行分辨与判断的，随着计算机技术的发展，基于机器视觉、图像处理和模式识别的检测和识别技术逐渐受到重视，对于作物病虫害的识别技术正在一步步的走向成熟。

4. 机器视觉技术在作物生长环境中杂草监测方面的应用

在农业生产中，农田环境中的杂草是影响作物产量的重要因素，农田中的杂草是在其长期生存的生态环境中逐渐适应了当地的气候和土壤等条件下存活下来的，具有很强的生存能力。据统计，世界上杂草总数约有 5 万余种，对农业作物造成危害的有 260 多种，其中有 76 种属于较为严重危害、18 种属于极为严重危害。我国大部分农田都有杂草分布，它们与作物争夺阳光和各种养分，而且生长和繁殖速度很快，严重影响农作物的产量。基于机器视觉的农田环境中杂草的识别，是用摄影器材拍摄杂草图像，运用图像处理技术自动识别田间杂草的数据信息，区分杂草，获取杂草的生长位置、分布密度和种类信息，从而采取措施去除杂草，能有效减少使用除草剂，保护生态环境。

5. 机器视觉技术在作物外观形态监测方面的应用

作物在其生长发育过程中吸收养分情况的变化会引起作物植株的外观、叶片的颜色、纹理发生变化。运用摄像机定时采集相关变化信息，利用图像处理技术分析识别，可以得出较为有用的监测信息。机器视觉技术在作物生长信息监测方面的应用受机器视觉理论研究、图像分割算法的限制，在农业生产的产业化应用上还有待加强。

第五节　深松智能监测技术

一、技术介绍

深松整地作业能有效解决耕地土壤板结、耕层变浅、保水保肥能力差等问题，是增强农业综合生产能力的有效措施。开展农机深松整地是促进粮食增产、农民增收的一项重要举措。

农机深松整地作业是通过拖拉机牵引深松机或带有深松部件的联合整地

机等机具，进行全方位深层土壤耕作的机械化整地技术，深松智能监测技术有效解决了耕深准确探测，面积精准计算，轮作报警等功能，为深松补贴发放提供了夯实的数据依靠。

随着深松作业的进一步推进，深松作业质量的精确监测成为技术推广部门及农机管理者面临的新问题和新需求，应用及推广农机深松作业信息化监管系统可以有效减轻深松质量监管难度、预防骗补现象，同时为管理部门提供辅助决策作用。与此同时，农机合作社管理者可以清晰了解机具是否进行了深松作业、深松作业面积是多少、深度是否满足国家及地方要求，深松补贴申请—审批—发放实现全信息化管理，且有据可查。

依托先进的超声波技术、北斗卫星导航技术、通信技术和物联网技术，通过将深松机具、作业质量监测硬件设备及多种形态的管理软件相结合的方式，实时掌握农机深松作业实况和作业数据，解决农机深松作业动态监测难、人为干预情况多以及宏观决策方面缺少科学、真实高效的数据等问题，实现农机深松作业的规范化管理，实现现代监管技术与先进监管措施的有机融合，有效提升深松作业质量和监管水平。

以深松在线监测终端、北斗农机监控终端、智能手机等多款硬件为支持，以成熟的3S技术和超声传感探测技术为基础，面向现场工作人员和基础管理机构，构建北斗农机深松作业调度与监管物联网平台，整个平台在功能上由深松在线监测系统和深松作业监测与管理系统组成。

总体框架图如图 1-25 所示。

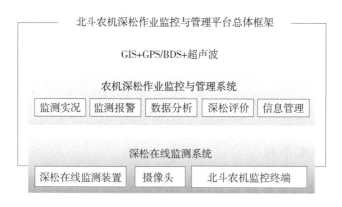

图 1-25　总体框架

二、技术装备

测量终端主要由智能主机、姿态传感器、机具识别传感器、摄像头组成。

通过安装在大臂上的姿态传感器的角度变化，判断是否为作业状态、作业类型以及作业质量。根据安装时预先设置的深松深度，使机手操作更简单，作业质量更达标，作业结束后可登录平台核对作业信息，保证补贴的领取。监管人员可根据平台计算出来的合格率进行补贴发放，更加方便管理（图1-26，图1-27）。

图1-26　农机深松监测传感器

图1-27　监测终端

1. 主机安装

放到仪表上方或前风挡的横梁上，用燕尾钉固定支架。放到适宜机手观察的位置即可（图1-28）。

2. 定位天线

定位天线一定要固定在车辆驾驶室外车顶的正中间位置，保证正面朝上，上方无遮挡（图1-29）。（无驾驶室的固定在发动机盖的正中间位置）

注意事项：为了避免车在干活时颠簸会松动，用双面胶粘贴牢固，注意走线尽量用原车预留口、原线束，避开可能伤线的缝隙。

3. 电源

方式1：选择钥匙门上ACC线，即钥匙拧一挡有电的那根线，棕色带保险的线连接到ACC上，蓝色线搭铁，如图1-30所示。

方式2：可将棕色线连接到机器本身的保险插头上，用铜线缠绕保险的

图 1-28　主机

图 1-29　定位天线安装示意

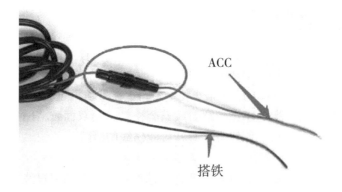

ACC

搭铁

图 1-30　电源线示意

切片时候选取其中的一片进行缠绕，不要同时连接两片，切记要保证连接牢固，机体保险如图 1-31 所示。

注意事项如下。

ACC 线：钥匙门打一挡或两挡，但不启动那根有电的线。

接线：切记在扒线时不要把线弄断，接好线后用绝缘胶布缠好后在用扎带将其捆住。

图 1-31　机体保险示意

4. 姿态传感器安装

此种安装方式适用于拖拉机通过下拉杆来调整作业的机具作业，姿态传感器固定在拖拉机的下拉杆上，从姿态传感器出来的线的方向要指向车头，方向不能反。注意在下拉杆升降过程中是否会顶到油缸，如不会产生此类问题，则位置确定（图 1-32）。

图 1-32　姿态传感器安装示意

注意事项：

（1）姿态传感器安装好之后必须保证是平的。

（2）传感器线头连接的方向，必须朝向车头的方向。

（3）传感器连接线，在走线时一定要避开联动件，防止把线拉断。

（4）提前预留好足够的线长，保证农机作业放下大臂时，传感器的线不被拉断。

5. 机具识别器安装

机具识别器一般安装在机具上的横梁，位置要尽可能高的地方，减少作业过程中外界杂物对设备的磨损，安装时提前预留好足够用的线长，保证农具在作业时线够长，如图1-33所示。

图1-33　机具识别器安装

6. 摄像头安装

首先保证采集到的机具的画面的完整性，视角能看到整个农具，其次要注意摄像头的方向。由于标清摄像头带有支架，所以安装方式可有多重变化，支架正向安装如图1-34所示。

注意事项：

（1）要保证摄像头的视角能看到整个农具。

（2）固定位置，有驾驶室的车型不要影响车窗的打开和关闭。

（3）不要安装到机具升起时可能磕碰到的地方。

（4）如拖拉机油箱在后风挡玻璃下面，切记不要安装到油箱上。

7. 线束的固定

设备连接线在走线时一定要避开热件、联动件、传动件，安装示意如图1-35所示。

图 1-34　摄像头支架安装

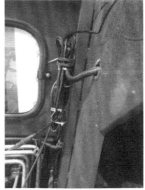

图 1-35　线束安装

三、应用效果

1. 技术功能

平台数据永久保存。终端采用 Linux 操作系统，具有 256M 内存和 8G 的 EMMC 存储方案，可本地存储作业数据达 8 年，不必担心由于空间过小，存满后作业数据缺失的问题。

作业数据不会丢失。终端采用断点续传技术，当作业地区无网络信号时，作业数据会存储到主机中，当有网络连接时，作业数据自动上传，保障机手作业数据不会丢失。

北斗双模定位芯片，GPS+北斗双模定位精度≤2m，机手启动即定位，不必再担心作业时还没定位到的风险。

主机 4.3 英寸、彩色显示屏，实时查看作业视频，方便机手及时了解机具情况和作业信息，当发现有异常状态，报警系统将通过显示屏显示报警信息，避免作业后发现数据不匹配。

启动即可作业，主机采用掉电保护，内嵌"同特斯拉原理相同的超级电容"，保证定位芯片热启动，24 小时内的"秒级"卫星定位。做到"一机多具"，主机同时支持串口、485、CAN、USB 接口，一台终端可配套多种农具，实现多种作业类型，不过切不可将终端更换到不同马力的拖拉机上。

主机可通过 WIFi 链接手机热点进行快速上点。同时具备蓝牙模块和 4G 模块，提高网络信号强度，并且可以使用远程拓展无线传感器。

深松作业质量监测技术精度：耕深监测误差值在正负 1cm 以内。

2. 系统功能

系统总体分为合作社概况、农机动态、作业统计、深松监测、深松轮作图、调度指挥等功能模块，从实时监控到数据管理全方位的服务于省级部门大农机、大农业（图 1-36）。

图 1-36　作业管理系统

（1）农机自动定位。实时跟踪监控农机的位置，随时了解农机的状态；宏观上统计全自治区（市、区县）的农机动态，从而根据作业时节分析农机使用效率、农机耕作分布等。

通过农机上安装的 GPCS 终端设备，通过 GPRS 链路将农机的地理位置、行驶状态、速度、方向、基站信息等数据传送至服务器，经过后台的数据校准系统核对后把这些数据显示到平台中并在地图上描绘农机的实时位置。

（2）农机轨迹查询。了解农机的实时行驶轨迹或查询农机的历史行驶轨迹。通过轨迹分析，可详细地了解农机的作业情况、计算作业面积及地块信息。

系统将农机定位的数据加以描绘形成轨迹。轨迹可以一次性地描绘从而展示整体的行驶作业情况，亦可以逐点、跨点的播放从而模拟当时的行驶路程。

（3）图像信息采集。对前方启动的农机进行图像实时获取，可有效地了解农机的作业的类型、挂载的机具、土地天气情况等信息。成为实时监控的有力措施和面积测算的必要手段。

当农机处于启动状态，平台操作人员可通过 CPCS 设备终端的摄像模块进行实时拍照。利用设备的 GSM 网络将图像传至图像服务器，如信号不稳定致使图像传送失败，GPCS 设备将自动储存图像，待信号通畅时延时发送至图像服务器。图像服务器将每一台农机上传的每一张图像进行储存，以供客户调用查看及其他功能（作业统计等）的调用。

（4）单向语音获取。对前方启动的农机进行语音实时获取，是对农机监控的进一步升级，对于农机管理部门和合作社起到了农机作业监管作用。

当农机处于启动状态，可对其下达语音获取命令并发送要接收语音信息的电话号码，农机上的 GPCS 设备接收到此命令后会启动语音通话模块并根据发送的电话号码进行自动回拨通话。

（5）无线视频。农机工作的环境复杂，有时需要对农机的工作进行实时跟踪查看，有时需要对农机工作地块的作物和土地环境进行查看，采集现场信息，无线实时视频可提供此项服务。

当农机处于启动状态，启动无线视频传输设备，可实时进行视频观看和作业拍摄。

（6）农机耕作面积计算。通过系统对农机作业的自动监控与跟踪，系统将自动计算出每一台农机每一天耕作的面积。在此基础上可以按照任意时间段，任意车数进行分类统计。此项功能对农机合作社的经营管理、农业单位的决策监督提供了重大的参考价值，体现了信息化农业的先进技术。

系统通过获取的农机轨迹定位数据、农机图像信息，结合基于时间序列统计数据分析和单元积分逼近算法的农机作业面积计算方法，精确地计算出农机实际的耕作面积。其工作原理类似于测亩仪，但精度较之要高并且可以通过相应算法去除农机非耕作行驶轨迹的干扰因素。同时又结合图像信息提供的农机、土地天气情况等信息进行更精确的分类计算。

（7）农机深松作业探测。深松是疏松土层而不翻转土层，保持原土层不乱的一种土壤耕作法，不打乱土层，既能使土层上部保持一定的坚实度，减少多次耕翻对团粒结构的不良影响，还可以打破铧式犁形成的平板犁底层。智能深松作业探测是专为深松作业开发的功能，可以自动准确地探测深松作业深度是否达标及耕作面积，工作方式上全自动进行有别于以往的人工探测，极大的节省了人力物力。

根据农机 GPCS 设备上的多元传感器，将农机动力扭矩等相关数据上传服务器，系统根据以上数据结合深松作业发生时节来判断农机是否处于深松作业状态。如农机正在进行深松作业将自动开启图像获取功能，系统根据智能图像识别系统，结合土质的湿度、黏度，根据特定算法计算深松作业的深度，并在作业结束后计算作业面积。

（8）管理功能。

①合作社分布：省级部门以科学发展观为指导，以转变农业发展方式为主线，着重推广现代农机合作社建设，近年兴建了大量的现代农机合作社，"合作社分布"可直观的显示省内农机合作社分布情况。

通过数字沙盘，可以详细的查看指定区域（市、县、区）中农机合作社的分布情况。

②农机详情统计：省级部门为了恢复地力，增强抗御自然灾害能力，提高土地产出率、资源利用率、劳动生产率、推进土地规模化经营，以合作社为载体，发展大型农机装备，因各地地况不同，根据地况采用不同型号的农用机械，拥有大量农用机械并且种类繁多不便于管理，通过"农机明细统计"可快速查看当地合作社的农机详情。

农机详情统计可以显示当地全部农用机械分布情况，可以具体显示到每一个合作社中的各种农机的拥有数量。

四、标准规范

依据 T/CAMA 1—2017《农机深松作业远程监测系统技术要求》。

1. 系统架构

（1）系统由终端、平台、计算机通信网络等组成。通过系统各组成部分之间的互联互通，实现深松作业管理和数据交换共享。

（2）终端是安装在深松机组上，具有卫星定位、无线通信、作业深度监测、机具识别、图像采集、显示报警等功能的装置。

（3）平台通过接收终端上传的详细作业信息、存储和管理农机作业数据、精准计量农机深松作业面积、对深松作业进行质量分析、统计汇总作业数据、支持重叠作业和跨区域作业检测与分析、提供数据导出和报表打印等功能。用户可通过电脑、手机查看平台数据。

2. 作业深度性能指标

静态条件下，作业深度测量误差应不超过 2cm。

田间作业环境下，作业深度测量误差应不超过 3cm；作业深度数据采样时间间隔应不大于 2s，或采样距离间隔不超过 5m。

3. 定位性能指标

（1）定位数据采样间隔不大于 2s。

（2）卫星接收通道不小于 12 个。

（3）接收灵敏度优于 -130dBm。

（4）作业条件下，水平定位精度不大于 3m。

（5）测速精度不低于 0.2m/s。

（6）数据输出更新频率不低于 1Hz。

4. 名词解释

（1）工作状态

深松机组在作业过程中机具落下，有作业深度并且作业速度大于 0.2m/s 的状态。

（2）作业幅宽

深松作业机具最外侧铲间距离与行距之和。

（3）作业里程

深松机组在工作状态下行驶的里程。

（4）作业面积

深松机组作业里程与作业幅宽的乘积。

（5）作业地块面积

深松机组在工作状态下，行驶轨迹覆盖空间区域的面积。

（6）重叠作业

单个深松机组连续作业过程中邻接行距小于 0.8 倍行距的作业；在轮作周期内，单个深松机组在同一空间区域内的多次作业；在轮作周期内，多个深松机组在同一空间区域内的作业。

（7）重叠面积

深松机组作业过程中重叠作业的面积。

（8）作业深度

深松沟底距该点深松作业前地表面的垂直距离。

（9）达标深度

大于等于深松作业深度标准值的深度。

（10）达标面积

作业深度大于等于达标深度的作业面积。

（11）达标比

达标面积占作业面积的百分比。

（12）平均深度

深松机组工作状态下，单个作业日采样点深度的平均值。

（13）跨区域作业

深松机组在所属县级行政区域外进行的深松作业。

（14）机组号码

农机化主管管理部门核发的拖拉机号牌号码。

（15）在线机组

当前连接到平台，且正常定位的深松机组。

第六节　智能平地技术

一、技术介绍

　　农田表面平整度差、田间灌溉工程规格不合理、灌溉管理粗放等是导致我国地面灌溉田间水利用率较低，水资源浪费严重的关键因素。农田土地平整不仅可以增加有效耕地面积，还能方便机械化耕作，改善农业生产条件。同时，平整后的农田满足田间灌排要求，可加厚土层、改良土壤水盐分布，起到保水、保土、保肥的作用，控制杂草的生长，达到节水增产的效果。通过土地大规模整合以提高土地利用率，节水增产，促进农业现代化，土地整治以及其过程中的土地平整显得尤为重要。

　　土地平整方法包括常规平整措施和精细土地平整。常规平整主要采用推土机，铲运机和刮平机在地面起伏大，平整度较差的田面粗平，平整精度较低，平整后的土地仍不能满足灌溉要求。为进一步提高水资源利用率，改善粗平的效果，实现精细灌溉，需要进行精细平整。激光控制平地技术是目前国内主流的精细平整技术。经过近十几年的研究和发展，与国内农田和拖拉机相适应的、高效率、高质量、低成本的激光控制平地系统已趋于成熟并实现了产业化，达到了一定的推广。与常规土地平整相比，激光控制平地技术能大幅提高田间土地的平整精度，系统灵敏度至少比人工视觉判断和平地机上操作人员的手动液压调节系统精确 10~50 倍。然而，激光控制平地系统易受外界环境的影响，在强光大风时激光发射器和接收器难以正常工作，工作半径小，并且由于激光接收器的范围限制，不适合平整地势高差大的土地。

GNSS 卫星平地技术能够获取地表任何点的定位信息，具有测量速度快、工作效率高等突出特点。RTK-GNSS 技术的动态定位精度更可达到厘米级水平，为高效、大规模实施土地平整提供了重要的支撑条件。同时，基于RTK-GNSS控制的平地技术具有不受外界环境影响，能够适应复杂工作环境等优势（图 1-37）。

图 1-37 卫星平地系统构成

二、技术装备

卫星平地控制系统由显示屏、接收机、GNSS 卫星天线、电台、手持开关、地面基站等组成。

1. 地面基站

地面基站主要提供更加精确的位置信息通过无线电台传输。相当于激光发射器提供基准面可以与导航基站通用（图 1-38）。

图 1-38　地面基站

2. 卫星接收机

与基站互通信号采用无线电台传输，信号稳，为作业提供可达 2cm 的精度（图 1-39）。

图 1-39　卫星接收机

3. 显示器

平地系统操作部分，中文界面，傻瓜式操作，自带测量功能，能节省时间，提高效率（图 1-40）。

图 1-40　显示器

4. 控制器

卫星平地最终实现部分，与平地铲电磁阀相连，操作界面简单，控制器见图1-41所示。

图1-41 控制器

平地原理。地面基站提供定位参考信息，通过无线电台传输给控制器使其计算得到更高精度的铲体位置信息。控制系统通过采点计算参考基准面，比较铲体位置和参考基准面，通过一定算法得到限位油缸伸缩量。当平地铲处于地势较高的位置时，限位油缸自动缩短，铲体下降，铲体切削并推动多余的土壤前进；当平地铲处于地势较低的位置时，限位油缸自动伸长，铲体上升，铲体里的土壤被填补在地势较低的地面。平地过程中，根据地势的起伏，限位油缸不断伸缩，平地一段时间后，土地自然在同一地势上形成一个平面，实现精细平地作业（图1-42）。

图1-42 平地作业

系列卫星平地系统包括单接收机平地系统和双接收机平地系统，双接收机平地系统可独立控制两个限位油缸的伸缩，使铲体始终保持在水平面或设置的斜面上，可避免地块凹凸不平或车辆转弯时平地精度下降，双接收机平地系统尤其适合用在平地生产较长的设备上。每种平地系统又分别支持大中小三款显示屏，用户可根据个人需要进行选择，满足不同用户的需求。三款显示屏的屏幕尺寸分别为 4.3 寸、5.7 寸、8.0 寸。4.3 寸显示器结构小巧，包含 8 个功能键，性能稳定，价格便宜，且支持扩展更多功能，如变量喷药、变量撒肥、激光平地等。5.7 寸显示屏拥有 12 个按键，平地信息显示更清晰，更直观，提高了平地的舒适性。8.0 寸彩色触摸显示屏支持绘制矩形地势图，田块地势高低一目了然，可计算平均高程和土方量，提高工作效率。拖拉机在地势图上的位置实时更新，且实时显示车辆速度和行驶方向，夜间工作也不会迷失方向，还具有测亩功能。

三、应 用 效 果

土地精细整平以后，土壤的生产条件得到改善，能够得到综合的效果。能够提高农田生产力，能够节水增产，有利于控制杂草和虫害，降低化肥使用量，减少环境污染。

1. 可节约灌溉水 30%～50%

激光平地最重要的特点是节约农业灌溉用水，降低用水费用，改善农业灌溉的效果。

2. 提高肥料的利用率 20% 以上

土地整平后，施用的化肥被有效的保留在作物的根部，从而可以提高肥料的利用率，减少环境污染。

3. 可以提高作物产量 20%～30%

利用激光技术对土地精密刮平较传统刮平技术提高产量 20%～30%，较未刮平土地提高 50%。

这些可观的成果是通过对植物施放其生长所需要的适量的水所获得的。水的平均分配改善了植物发芽和生长的环境，提高了作物的产量。研究表明，使用这种方法所提高的产量直接与土地被刮平的程度有关。

该系列卫星平地控制系统性能稳定，平地精度达±2cm，可支持水平面平地和坡面平地。信号通过无线电传输，作业不受地势高差限制，不会受到恶劣天气的影响，只要有卫星信号就可以全天候工作，极大地提高了平地效率和设备利用率。无线电传输距离远，尤其适合大地块作业。系统还配有数据回传模块，将平地过程参数和车辆位置、速度上传到服务器，用户可以方便地在平台上查看平地作业和车辆状况，管理平地作业。卫星平地控制系统上配置的地面基站还可以与导航的基站通用，提高了设备的通用性。

第七节　播种自动控制技术

一、技术介绍

播种是农业生产中最重要的环节之一，播种质量直接影响到农作物产量。从 20 世纪 90 年代研究学者就对精密播种进行初步示范，证明其有一定的经济效益。近年来，随着精量播种技术的发展，精量播种机已成为现代播种技术的主要特征，成为播种的主要发展方向。目前国内使用的精量播种机大多数是机械式和气力式，在播种作业时具有播种过程全封闭的特点，凭人的视听无法直接监视其作业质量，而在播种作业时发生的种箱排空、输种管杂物堵塞、排种器故障、开沟器堵塞或排种传动失灵等工艺性故障，均会导致一行或数行下种管不能够正常播种，造成"断条"漏播现象。尤其对于目前大力推广使用的免耕播种机来说，由于其作业地表秸秆覆盖，环境条件比精量播种机工作时更加不可预测，发生漏播、堵塞现象也就更加频繁。因此，对播种机的播种质量进行监测就显得尤为重要。

国外对精密播种机监控系统的研究和应用始于 20 世纪 40 年代，法国、美国、苏联等国家都进行了研发与试验，研究出不同形式、针对不同作物和播种量的监控系统，同时可以对多种参数进行监测和记录。国外的精量播种发展较早，其对播种质量监测的研究也比较成熟，在 20 世纪 90 年代就已经开发出较为完善的设备。在国外品牌播种机中，发展较好、应用广泛的约翰迪尔精量播种机已经配备了一系列用于播种质量监测的播种传感器、Seed Star 监视仪以及与其他农机相互协调配套的监控设备。此套设备应用简单的光电传感器配合信号采集电路，能够检测到漏播、断条等现象，在监视仪上进行各种图形化统计及分析，能够使机手能够清晰了解播种质量，实时掌握播种质量信息。同时，可以将播种信息上传至信息中心，为日后的一系列作业提供数据支持。

在国内对播种质量监测的研究中，许多先进技术得以应用，而在实际应用中，中国播种监测装置存在工作可靠性不高，系统制造成本较高，大型化播种机应用量小，作业技术水平低，成果转化速度慢等问题。其中虚拟仪器检测系统能够进行高速数据采集和进行复杂的数据处理，适用于实验室检验测试环境，由于需要计算机及采集卡，目前还难以应用到田间农业生产活动当中；利用图像处理技术，能够对播种质量进行快速、准确的监测，能够解决在播种机质量检测检验中测量精度低、自动化程度低的问题，但需要使用的设备和测试系统较为复杂，成本较高，适用于实验室台架对播种机性能进行检验与测试；电容式传感器简便经济、容易维护，能够进行在线非接触测量，能够简便地测出种箱排空、导种管阻塞，但是由于传感器特性，也无法对播种籽粒数、漏播率等参数进行统计。而光电检测技术本身具有成本低、性能可靠、维护简便的优点，通过对传感器排布方式、系统结构和电路设计的优化能够提高其测量精度，能够满足实际生产的需求，能够应用于田间生产作业中。

播种质量光电监测技术包括使用红外传感技术、激光传感技术、光栅传感技术、图像传感技术等监测方式，其中红外传感技术具有成本低，易于维护等特点。本文采用红外传感技术，选取适合的红外 LED 发光管和与之匹配的光电二极管进行组合，对播种质量进行监测，该监测方式受作业环境影响小，能够在灰尘、潮湿、低温的情况下稳定工作。

二、技术装备

1. 监测原理

播种质量监测传感器采用对射式红外光电传感器，排种管壁一侧为发射端，发出红外信号；另一侧为接收端，检测接收到红外信号的强度。当有籽粒通过排种管时，发射端发出的红外信号受到遮挡，接收端接收到的信号减弱到阈值以下后又恢复到初始信号强度。这一过程产生的信号经过调理放大形成脉冲信号用于计数和监测。信号处理原理如图 1-43 所示。

图 1-43 监测信号处理原理框

系统原理如图 1-44 所示。微控制器采用纳瓦技术，功耗低，抗干扰能力强，外围接口丰富，如捕捉、比较和脉宽调制模块、主同步串行口模块（SPI，I2C）、增强型通用同步增强型通用同步/异步收发器模块、ECAN（Enhanced Controller Area Network，ECAN）模块、模数转换器模块等，可满足系统应用需求。微控制器 PIC18F25K80 具有 4 个捕捉/比较/脉宽调制模块和 1 个增强型捕捉/比较/脉宽调制模块，所有模块均可实现标准的捕捉、比较和脉宽调制模式，利用其捕捉模式，捕捉籽粒通过检测区域的脉冲信号，进行计数统计，从而实现 5 路播种信号的实时监测。数据传输采用 CAN 总线接口，CAN 接口芯片选用高速收发器 TJA1050，支持 CAN 技术规范 2.0A/B，最高传输速率达到 1Mbps，微控制器内部 CAN 协议模块主要包括 CAN 协议驱动、过滤器、屏蔽器以及收发缓存器，完成与 CAN 总线的数据传输。

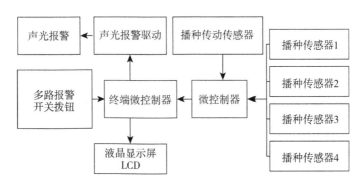

图 1-44　微控制器与系统部件连接原理

播种传动传感器采用霍尔传感器，用于检测播种传动部件转动。当播种传动部件动作时，说明播种作业正常进行，声光报警使能有效，由此可以有效避免频繁报警和误报警。

2. 播种质量监测系统

播种质量监测系统采用光电监测技术，具有漏播、堵塞监测与报警，播种计数等功能，适用于玉米、大豆作物的免耕精量播种机的播种质量监测。监测系统工作电压 8~15 V，消耗功率低于 10 W。播种质量监测系统主要由监测传感器、监控终端、播种传动传感器等组成。

（1）播种监测传感器。播种监测传感器采用对射式结构，需要将发射、接收两端对齐获得较好的监测效果，播种监测传感器结构如图 1-45a 所示。播种监测传感器由发射端、接收端、对齐连接杆及数据线组成。发射、接收传感器分别封装在发射端壳体和接收端壳体内，从壳体正面的开孔露出，两端的相对位置通过连接杆对正，被测量的排种管被夹紧在发射端，接收端及连接杆之间的区域内，从而监测籽粒在排种管内的流动情况。同时发射端与接收端间距通过连接杆进行调整，可满足不同播种管的监测需求。图 1-45b 为播种监测传感器现场安装。

（2）监控终端。监控终端主要完成数据的解算、播种质量的评判、作业统计、显示、故障声光报警等功能。监控终端如图 1-45c 所示。监控终端集成有各播种体监测开关、显示屏、系统设置按键，以及多路播种的报警指示灯。显示屏上默认显示各路排种粒数及播种总粒数，通过操作按键可以查看其他数据或设定相关参数，拨动报警开关可以对各路播种报警的声光提醒进行单独开关操作，方便地头或者不足垄数作业监控的需求。

（3）播种传动传感器。播种传动传感器利用霍尔效应，实现对播种动力传动轴工作情况的监测，现场安装如图1-45d所示。传感器与传动齿轮齿峰间距2~3mm，在传动齿轮转动时，传感器尾部的指示灯会闪亮；当不进行播种作业时，监控系统不会误报警，以保证播种监测、报警有效性。

a.播种监测传感器

b.播种监测传感器安装

c.带有播种统计显示及
多路报警的监控终端

d.播种传动传感器安装

图1-45 播种质量监测系统

三、应用效果

播种监测装置实现玉米精量播种的自动和实时监控，当出现漏播、堵塞等播种异常情况时，适时提醒机手采取必要技术手段加以处理，解决传统玉米播种机播量难以精确控制、播种过程存在堵塞漏播、播种作业质量差等问题，有效提高玉米播种机的工作质量和效率。播种质量监测系统能够对播种计数、漏播、断播情况进行监测，播种量监测精度相对误差不高于0.5%，漏播监测准确率相对误差不高于 5%，种箱缺种监测准确率 100%，能够对播种过程全封闭的精量播种机进行有效的监测，避免发生大面积断条的情况发生，提高生产效率，减轻人工劳动负担。

四、标准规范

依据 GB/T 35383-2017《播种监测系统》。

1. 一般要求

（1）播种监测系统在室外温度 -20~-50℃ 和相对湿度 10%~85% 环境条件下应能正常工作。

（2）播种监测系统应能显示每行的重播数、漏播数、已播数、重播率、漏播率。

（3）播种监测系统配备传感器的响应时间应 ≤0.1s。

（4）播种监测系统应配备主电源（发电机）、备电源（蓄电池）、转换器。当主电源断电时，应能自动转换到备用电源；当主电源恢复时，应能自动转换到主电源。

（5）播种监测系统应具有故障报警功能，种子重播、漏播、堵塞、缺种等影响机具工作和播种质量的故障应能发出声、光警示，指示灯应具备红绿双色发光功能，红色表示故障报警，绿色表示正常，并应准确显示故障点位置。

（6）播种监测系统的接线端子应具有防水措施，电源、信号接线端子应分开设置。

2. 性能要求

精播机在田间正常作业的情况下，播种监测系统性能应符合表 1-7 的规定。

表 1-7　监测系统性能要求（原表见附件 1）

序号	项目	指标/%
1	已播数测量误差率	≤5
2	重播数测量误差率	≤5
3	漏播数测量误差率	≤5
4	种子堵塞报警误差率	≤5
5	缺种报警误差率	≤5

3. 安全要求

（1）播种监测系统应符合 GB19517 的要求 。

（2）播种监测系统使用的电器元器件、电器导线、电器连线、控制装置安全设计应符合 GB5226.1 的规定。

4. 可靠性要求

播种监测系统平均故障间隔时间应不小于 800h。

第八节　肥料变量控制技术

一、技术介绍

传统的施肥、播种存在一定盲目性，近年来，随着测土配方施肥技术的推广，农户对大量元素平衡施用、微量元素因缺补缺有了一定认知。然而，由于测土配方施肥需要田间取土、室内化验的复杂工序，配方结果可能存在滞后性，且缺乏专业技术人员，该项技术较难推广应用。除土壤地力外，当地的作物产量、品种特性、前茬作物、气候等也是肥料配方设计的理论依据。作物的最终产量由施肥量和播种量决定，二者投入量适当，既获得高产，又节约资源。配方施肥、播种量的设计需要以大数据平台作为支撑，平台大数据越详细，技术人员掌握的信息越全面，开出的"配方"效用越大。

随着"卫星遥感""物联网控制"技术民用化和在农业中的应用，农业数字化管理及精准农业近年在北美及西欧发展迅速，用计算机进行农场管理已逐渐普及，以网络或云为基础的农场管理平台也得到快速发展。英国 2012 年已有约 70% 的农户采用计算机或网络服务平台管理农场，近 20% 的农场采用精准农业技术。农业数字化管理极大地提高了精准农业技术的应用。借助于全球定位系统（GPS），精准农业技术目前主要用于激光平地、自动驾驶、变量施肥与变量播种，以处理田块内由土壤质地、养分及水分等差异造成的田块内作物生长不均衡问题。采用精准农业技术施肥可以减少化肥施用量，提高化肥利用率，同时结合变量播种技术可以使田间出苗更加均匀，作物生长更加均衡，从而以较小的成本实现产出最大化。

目前我国氮磷肥普遍存在施用过量现象，其施用量远高于世界平均施肥水平，不仅增加工业能耗和温室气体排放，同时也加大了农业生产成本，污染环境。氮渗入地下水严重影响水质，磷氮的流失造成水质富营养化以及蓝藻的发生。目前内蒙古自治区的肥料施用还是采用传统的经验施肥结合"以点带面"的施肥方法，没能达到对各块田地配方施肥，从而无法合理精确施肥。英国目前已有 68% 的农户每 3~5 年对自己农场的各块地进行测土化验从而配方施肥。

随着国家实现化肥、农药施用总量的零增长，规模家庭农场的涌现以及大型私营与国有农场的商业化管理需求，对环境保护的重视程度增加以及磷矿资源将在 100~300 年后耗尽，科学合理使用化肥十分迫切。采用精准农业技术可提高农机作业效率，降低油耗，减少或合理使用化肥，减少环境污染，提高农作物产量，提高农场的管理水平。精准农业技术及农业数字化管理将是现代农业发展的必经之路。

变量配方施肥技术主要用于处理田块内肥力不均衡问题。通过调节施肥量，从而使化肥施用更加合理。由于以前我国农业结构原因，种植分散，每个农户的管理措施不尽相同，土壤养分必将有差异。随着空间遥感和物联网技术的应用，有效地突破小而分散的种植结构，使小区域内精准配方施肥、播种成为现实。精准配方施肥、播种在我国智能精准农业的探究，解决了同一田块内的地力不均衡问题，从而使作物生长一致，产出最大化。图 1-46 是精准农业实现流程，采用全新框架的物联网，通过逐年的变量施肥，最后可逐步减少田块内的土壤养分差异。

图 1-46 实现流程

应用以物联网为基础的精准农业，需由无线信息采集终端、本地上位机、无线传感网络、通用分组无线服务技术（GPRS）网络以及远程上位机等部分组成。目前，实现精准农业的方法有：实地勘察，结合土壤卫星图，采用电导率仪测定土壤质地类型，网络取样绘制土壤养分图、产量图等，联合相关专业人才和机构，借助北斗导航和高分卫星技术将精准农业理念引入实际生产，实施测土配肥、精量播种等技术帮助新型农业经营主体节约生产物资，提升农产品产量和品质，从原始的看天吃饭，走向现今的知天而作。

此外，实地土壤勘察即土壤专家针对某一田块进行详尽地土壤调查，依据土壤质地及类型、土层厚度、有机质含量及酸碱度等把一块田划成不同的管理区域。土壤遥感图中的差异主要是由于土壤中的黏土矿物颗粒、有机质和水分的差异造成。根据这些差异，一块田被划分成不同的管理区域，用于土壤取样、施肥和播种。通过遥感技术对田地进行分区管理，帮助客户进行分区精准施肥、播种，再运用农业生产大数据工具箱，让生产者管理土地、农资生产商计算订单更加便利。

对不同管理区域的土壤分别取样进行化验分析，比较各区域的速效氮、磷、钾等养分含量，根据差异设计肥料配方及精量播种方案。在实施精准施肥与精量播种过程中，可针对病虫草害防治制定具体方案，引导农户田间实施，此处除机械外也可通过人工调节的手段进行处理。

二、技术装备

变量施肥机用于农业作物精量施肥。根据目标施肥量、施肥速度和物料特性等，变量控制系统控制电动推杆自动调整出料口大小，实现变量施肥、处方图施肥的功能。达到精准适量施肥的效果，提高作物品质和产量(图1-47)。

图1-47　变量施肥装备

1. 变量施肥机特点

（1）进口双圆盘离心式施肥机，质量可靠，施肥均匀，施肥宽幅可达12~32 m。

（2）采用原装进口称重传感器，称重准确灵敏；斜坡工作时，称重传感器不受侧向引力影响。

（3）自主研发变量施肥控制系统，控制精准，操作简单，性价比高。

2. 效果

（1）根据农作物和土壤状况，精准适量施肥，节省肥料，避免土壤板结，提高作物产量和品质。

（2）大幅度提升施肥速度，提高作业效率和设备利用率。

（3）实时动态显示已施肥区域，未施肥区域，重施、漏施区域，施肥状况一目了然。

（4）GNSS 定位导航，定位精度达厘米级，确保肥料撒播在正确位置。

3. 主要部件

系统连接图如图 1-48 所示。

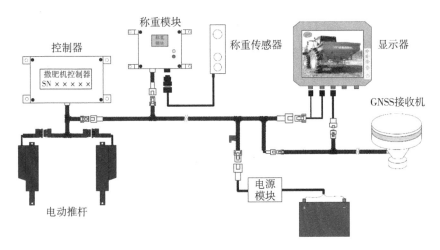

图 1-48　结构

（1）显示器。8 寸触摸显示屏，操作简单；实时显示肥料、工作模式、已施肥、可施肥等信息；动态显示施肥机工作位置和重施漏施情况（图 1-49）。

（2）控制器。控制器根据显示屏发送的命令自动控制电动推杆伸缩，实现出料口大小精准控制（图 1-50）。

图 1-49　显示器

图 1-50　控制器

（3）GNSS 接收器。集卫星天线与接收机于一体，支持多种定位系统；可精确获取机具位置信息和行驶速度（图1-51）。

（4）称重模块。读取并传输称重传感器的信号值（图1-52）。

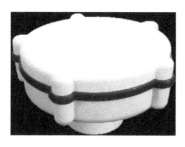

图 1-51　GNSS 接收机

图 1-52　称重模块

（5）称重传感器。高精度进口称重传感器，称重准确、灵敏；斜坡工作时，称重传感器不受侧向引力影响（图1-53）。

（6）电动推杆。电动推杆伸缩调整出料口大小，精准控制施肥速率（图1-54）。

图 1-53　称重传感器

图 1-54　电动推杆

4. 主要参数（表1-8）

表 1-8　主要参数（原表见附件 1）

项目	参数	项目	参数
肥料载重量程	1 500kg、3 000kg	供电电压	12VDC
悬挂方式	三点悬挂	通信方式	CAN BUS
播撒宽度	12~32m	称重传感器量程	7.5t
最大施肥速率	80L/min	称重传感器精度	±2kg

（续表）

项目	参数	项目	参数
施肥精度	±5%	显示器	8寸彩色触摸屏
施肥速度范围	3~9km/h	GNSS接收机	BDS/GPS/GLONASS
响应速度	0.5s	防护等级	IP66

三、应用效果

当前英国、美国等国家利用物联网农业技术开发的数字化管理系统应用已经很普遍。使用变量施肥技术能及时调用某地土壤类型及营养分布数据，从而调整化肥及农家肥品种及养分含量以保证营养均衡；生产中可根据土壤类型和营养分布数据制定施肥及播种方案，追施氮肥，及时掌握病虫害情况，进而实施有效的防控措施，减少化学农药使用，保证食品安全。

从化肥的使用来看，化肥对粮食产量的贡献率占40%，然而即使化肥利用率高的国家，其氮的利用率也只有50%左右，磷30%左右，钾60%左右，肥料利用率低不仅使生产成本偏高，而且造成地下水和地表水污染、水果蔬菜硝酸盐含量过高等问题。总之施肥与农业产量、产品品质、食品和环境污染等问题密切相关。精确施肥的理论和技术将是解决这一问题的有效途径。传统的施肥方式是在一个区域内或一个地块内使用一个平均施肥量。由于土壤肥力在地块不同区域差别较大，所以平均施肥在肥力低而其他生产性状好的区域往往肥力不足，而在某种养分含量高而丰产性状不好的区域则引起过量施肥，其结果是浪费肥料资源，影响产量，污染环境。

我国的化肥投入突出问题是结构不合理，利用率低。化肥投入尤其是磷肥的投入普遍偏高，造成养分投入比例失调，增加了肥料的投入成本。我国肥料平均利用率较发达国家低10%以上，氮肥为30%~35%，磷肥为10%~25%，钾肥为40%~50%。肥料利用率低不仅使生产成本偏高，而且是环境污染特别是水体富营养化的直接原因之一，众所周知的太湖、滇池的富营养化，其中来自肥料面源污染负荷高达1/3~1/2。随着人们环境意识的加强和农产品由数量型向质量型的转变，精确施肥将是提高土壤环境质量，减少水和土壤污染，提高作物产量和质量的有效途径。经实践表明，通过执行按需变量施肥，可大大地提高肥料利用率，减少肥料的浪费以及多余肥料对环境的不良影响，具有明显的经济和环境效益。

第九节　收获智能监测与控制技术

一、技术介绍

我国的谷物收获机在智能化以及自动化方面水平较低，一些中小型收获机械、监测系统正逐渐趋于完善，能够对发动机的转速、风机转速以及脱粒滚筒的转速实时监测，并且通过显示屏幕、仪表盘、报警器进行反馈。但是仍然存在实时监测系统不够智能、很多部件的运行程度需要靠驾驶员观察来实现、检测精度不高、不能够实时智能调控等问题。与国外谷物收获机相比较，仍然存在较大的差距，较国外相同类型的产品要落后 2~4 代，而且在谷物收获的时候，谷物损失比较严重，更加限制了我国谷物收获机的发展。我国的谷物收获机智能监测系统的研制大多处于实验室研究阶段。国内产品质量比较好的谷物收获机有雷沃谷神、春雨、柳林、沃得等几家产商。雷沃公司与高等院校所研制的智能监测系统虽然能够比较好地完成监测，但是仍有待完善，因而在谷物收获机上还没有普及。春雨公司所研制谷物收获机在转速检测方面取得一定的成效，并且能够通过显示器作出实时的预警。其他国内收获也已经逐渐开始谷物收获智能检测部件的研究，但其收获机仍然处于传统的机械收获阶段，缺少相应的智能监测系统。

农作物的机械化收获是实现农业现代化的重要环节。先进联合收获机械上，电子信息技术得到了广泛运用，根据联合收割机的作业质量自动调整各种工作参数，在提高生产效率的同时，将故障率控制在一定范围内，同时大大提高了整机的无故障工作时间。

在智能调控方面，上海交通大学研制出了一套稳定性高检测器件并且研制出相关的控制系统，该器件由冲量传感器和湿度传感器组成，对谷物的产量进行测量；优化了传感器结构，解决了传感器容易受振动影响这一缺点；同时设定了由 GPS 定位、传感器融合、控制器调节反馈以及远程通信组成的控制系统，提升了监测的精确度和稳定性。中国农业机械化科学研究院设计了一套联合收割机在线检测系统，该系统使用多个传感器采集信号，数据处理，CAN 总线协议和输出控制组成。实现了联合收割机运作过程中的各运动部件的检测，谷物的夹带损失检测以及 GPS 定位。基于 Microsoft Windows XP 系统设计的总控制器，完成采集数据的保存和分析，并且通过 CAN 总线实现与各个检测节点的通信。该设计工作稳定，基本实现了收割机田间作业的故障预警与检测。

在转速监测方面，中国农业大学提出了一种基于 CAN 总线的联合收割机脱粒滚筒测控系统的设计方法。各个检测节点由 LM3S8962 芯片构建而成，上位机监控软件则由 Lab windows/CVI 构建而成，通过 CAN 总线协议完成上位机与各个下位机节点的通信。下位机节点可以实时处理各个下位机节点所检测的数据，并通过 CAN 总线输送给上位机，同时上位机可以提供良好的人机交互界面。该系统灵活方便，操作简单，实现了谷物收获机脱粒滚筒部件数据的采集与控制。江苏大学李耀明团队所设计的检测收获机转动部件的测量系统，当谷物收获机的转动部件转速低于所设定转速的 10%~30%，声光报警器就会发出相关的警报，防止收获机传动部件卡死或其他故障出现，提高谷物收获机的收获效率口。

在割台仿形方面，西北农林科技大学提出一种基于视觉技术监测的新方法，通过数码相机获取小麦图像，然后基于图像处理技术识别田间倒伏小麦，获取未倒伏小麦的高度差，单片机控制系统进行处理，控制液压机构运作，达到割台高度自动调整的效果。中国农业机械化研究院的伟利国等人进行了割台仿形控制系统的研发，设计了一套机械式割台仿形结构，通过机械式结构接触地面，利用角度传感器获知地面的起伏情况，通过位移传感器检测割台油缸的伸缩量，从而控制割台进行地面仿形，并且设计了相关实验，能够较好地满足谷物收获机的田间使用要求。

在自动对行方面，石河子贵航装备有限责任公司所研制五行国产采棉机自动对行系统，通过左右接近开关实现信号检测，采集信号发送至带 CAN 控制器的 51 单片机处理器，完成信号的处理，对步进电机角度和速度进行调整，带动液压转向轴转动来调节采棉机的转向来完成自动对行，成功解决了采棉机自动对行难的问题。山东省农业机械研究院以自走式玉米联合收获机为载体，研制了一种玉米收获机的自动对行系统，采用 TMS320F2407、XC3S500E 作为核心处理器，通过嵌入式工控机设置各个参数，通过 PID 控制方式进行调节，实现了玉米联合收获机的自动对行，提高了玉米收获机的自动化程度。

二、技术装备

1. 谷物自动测产

谷物自动测产系统是精细农业关键技术之一，也是实施农田精细管理的基础。目前，美国 90% 以上的联合收割机都安装有谷物流量监测系统。测产方式主要有冲量式、光电容积式和称质量式等。

（1）冲量式谷物流量传感器结构及特点。冲量式谷物流量传感器的工作原理是基于电阻应变式传感器的，其结构如图 1-55 所示。该传感器安装在联合收割机升运器出口处，当谷物被升运器刮板推出升运器出口时，抛出的谷物撞击在弹性受力板上，使其发生变形，使传感器中的电阻应变片输出的电阻发生变化，进而导致传感器转换电路输出电压发生变化。具体为谷物流量越大，对弹性元件冲击变形越大，使输出电压越大；谷物流量越小，对弹性元件的冲击越小，输出电压也越小。通过标定使输出电压信号转变为谷物质量流量值来完成联合收割机出粮口的谷物流量测量。该传感器的优点是技术成熟、成本较低、使用安全、应用广泛，但其敏感元件易受收割机振动及外界噪声、搅龙速度、谷物品种以及谷物含水量等的影响旧。此外，其存在结构复杂、安装调试困难等缺点。

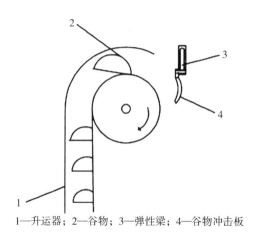

1—升运器；2—谷物；3—弹性梁；4—谷物冲击板

图 1-55　冲量式谷物流量传感器

（2）光电容积式谷物流量传感器基本结构及特点。光电容积式谷物流量传感器由光栅接收器及发射器组成，被安装在谷物提升器上。提升器上升时，刮板上的谷物会断续遮挡发射器发射的光束，光栅接收器将与谷物厚度有关的断续光束转化为明暗相间的脉冲信号，将此信号处理后便可得到谷物体积流量，再经换算得到谷物产量。其结构如图 1-56 所示。该传感器的优点是结构简单、成本低等，但其测量精度受谷物密度、谷物含水率、收割机倾斜度、探头易受粉尘污染等因素的影响，须要经常清洗和标定，性能不稳定。

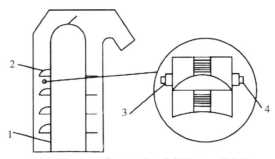

1—升运器；2—谷物；3—光电发射器；4—接收器

图 1-56 光电容积式谷物流量传感器

（3）称质量式谷物流量传感器基本结构及特点。该传感器的测量方法为直接测量法，即升运器刮板上的谷物被输送到安装有测质量传感器的输送带上，称质量传感器可实时测量谷物质量，然后将检测到的信号传输给计算机系统，再结合测量装置中谷物流动时间得到谷物流量。该测量方法由于是直接测量，所受干扰因素较少。该传感器的缺点是运行不稳定，数据波动较大。称质量式谷物流量传感器结构如图 1-57 所示。

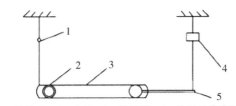

1—铰接点；2—电机；3—输送带；4—称质量传感器；5—支架

图 1-57 称质量式谷物流量传感器

2. 籽粒损失检测

损失率是联合收割机的一个重要工作性能指标，也是联合收割机工作参数调整的重要依据。目前谷物损失监测主要采用压电传感器，针对现有传感器测量损失率精度不稳定等问题，国外学者做了相关研究。Diekhans 利用作物传感器敏感元件，通过谷物撞击敏感材料，使敏感材料产生振动，再由计算机系统分析传感器传输的振动信号来检测谷物损失旧。KEE 公司研发了一种利用薄金属板和压电陶瓷做成的传感器，由于该传感器易受振动影响，因此其测量精度不稳定。此外，TeeJet 公司的 LH765 谷物收获机收获损失监测器中采用 walker 传感器，其具有很强的抗干扰能力。Bemhardt 等利用安装在谷物不同脱粒位置的称质量传感器测量谷物质量，利用这些传感器监测的信息间接得到谷物在不同脱粒位置的损失情况，可避免直接测量损失量的不足，提高了监测精度。国内科研人员对籽粒损失监测技术也进行了研究。李耀明等设计了一套籽粒损失监测传感器标定试验台，室内试验结果表明，针对含水率不同的小麦样品籽粒损失监测传感器的测量误差可以限制在 4.8% 以内；根据标定结果确定了传感器在监测夹带损失时的安装位置，且田间试验结果表明夹带损失最大监测误差为 3.40%。周利明等针对国外谷物损失监测传感器限于敏感材料而不能大幅提高所测撞击频率的上限从而影响精度、传感器无法获知籽粒损失空间分布状况等问题，采用聚偏氟乙烯（PvDF）压电薄膜作为传感器敏感材料，设计了阵列式 PVDF 传感器及相应的信号处理电路，传感器单元结构如图 1-58 所示，利用该传感器可以得到籽粒损失的空间分布信息。

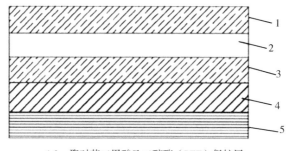

1,3—聚对苯二甲酸乙二醇酯（PET）保护层；
2—PVDF压电薄膜；4—橡胶阻尼层；5—铝合金基层

图 1-58 PVDF 传感器单元结构示意

三、应用效果

欧美国家、日本等发达国家智能农业机械技术已经基本成熟，应用成效显著，带动农业机械向精准、高效方向发展。国内农业机械自动化及智能化程度普遍较低，国产谷物收割机大都没有配备关键部件智能监测系统及自动控制设备，但在收割机收获损失监测、自动测产及喂入量自动控制等方面正进行大量研究。智能谷物联合收割机优势显著，主要体现在以下几个方面。

拥有强大的功能。智能谷物联合收割机由于安装了喂入量自动控制系统、测产系统、谷物损失监测系统、自动导航控制系统等一系列智能化设备，不仅作业效率高、质量高，而且利用自动测产等技术得到的产量信息为下一轮作物播种、变量施肥以及药物喷洒等提供重要依据，使农田管理更科学、高效。

劳动强度低、作业效率高。智能谷物联合收割机根据作业的具体环境对工作参数进行自动检测和控制，降低了操作人员的劳动强度，提高了作业效率。

安全、可靠。先进的故障诊断系统可及时发现潜在的故障并使其得到快速解决，监视系统可根据作业环境及作业对象的变化进行自动调节工作参数，使机器始终处于最佳的工作状态，因此机械故障率和事故率大大降低，为高效作业提供了保障。

节能、环保。智能联合收获机通过拨禾轮转速自动调节、喂入量自动控制以及割台高度自动控制等技术使其始终保持在最佳的工作状态，效率高，节能减排效果显著。

通用性强。通过收割机部件的模块化设计和标准接口，可以根据不同作物种类以及不同收获方式选择工作部件，构建不同功能的收割机。通过智能化技术，方便调节工作参数，满足不同作物收获的需要，从而实现一机多用，提高机具利用率。

第二章　蔬菜产业农机信息化技术

蔬菜生产主要包括设施农业和露天生产两种形式，其中设施农业应用信息化技术应用较为普遍。本章以设施农业为主。设施农业蔬菜生产由于设施环境封闭可调控、土地产出率高等特点，信息化、智能化技术应用较多，常见技术包括智能水肥一体化技术、环境信息采集技术、自动控制技术、植物工厂技术等。信息化技术、智能化技术的应用为劳动生产率、资源利用率和土地产出率的提高提供了支撑。露天蔬菜生产中应用的智能化技术主要有农机自动驾驶技术、卫星平地技术等。

第一节　智能水肥一体化技术

一、技术介绍

从实践角度来讲，水肥一体化技术是指将水溶性肥料融入水中，将灌溉与施肥融为一体的农业新技术，水肥一体化技术借助水泵等压力系统（或地形自然落差），依靠输送管道、滴灌带、微喷带或者各种形式的滴管头、微喷头等，将水肥输送到作物根部区域。

智能水肥一体化技术可实现更高层次的功能，通过引入电子技术、计算机技术、互联网技术等，实现定时、定量水肥控制管理，以及水肥配比、水肥施用量数据统计，可远程或者现场通过手机 App 或者电脑网络等多种形式控制，目前，实践应用的智能水肥一体化技术基本处于此水平。

下一步更高层次的智能化发展方向，则可按光照和温度等气候条件、土壤湿度和养分等土壤条件、作物种类的需肥规律和特点，按照模型设置自动进行智能化灌溉施肥，目前仍处于试验研究阶段。

二、技术装备

智能水肥一体化技术包括蓄水装置、水泵装置、过滤装置、水肥控制主机、施肥装置以及远程云平台、手机 App 等。

（1）蓄水装置。蓄水装置包括蓄水池、储水桶、水箱等形式。由于农业用水一般为抽取的地下水，水中泥沙含量较高，出水量也容易不稳定，设置蓄水装置主要有两个目的，一是园区水井距离比较远，可保证在灌溉的时候水源比较稳定；二是园区采用的地下水，杂质含量相对较高，泥沙容易在输水管道内沉淀，不易清理，还容易堵塞微喷带、滴灌带，造成出水不均匀，而蓄水装置可以沉淀水中的泥沙等杂质，通过对蓄水装置定期清理，可以提高灌溉效果（图2-1）。

图2-1　10m³储水桶

（2）水泵装置。灌溉水泵可采用定频水泵或者变频水泵，用来抽取蓄水池的水进行灌溉。由于每次灌溉温室数量，灌溉面积不同，因此对水压要求不同，变频水泵可以调整灌溉水压。在规模化园区，管理人员可根据灌溉温室数量、出水量要求，通过控制器调整工作频率来调节出水量和水压，保证灌溉质量（图2-2）。

（3）过滤装置。蓄水池可以对灌溉水中的泥沙等杂质进行沉淀过滤，但长期灌溉，水质仍然难以满足灌溉施肥设备的要求，因此更高要求的过滤装置必不可少。常见过滤装置有砂石过滤器和叠片过滤器等，可以搭配使用，砂石过滤器主要对大一些的杂质进行过滤，叠片过滤器可对更细微的杂质进行过滤，并且都配有反冲洗功能。过滤装置在使用过一段时间后，可通过它自带的反冲洗功能，进行反方向的冲洗，将过滤器的杂质通过单独的管道排出（图2-3）。

灌溉水多次过滤的作用一是防止砂石杂质在主管道和温室支管道里沉淀，因为温室外主管道为了防冻，普遍埋在地下深处，清理非常不方便；二是防止杂质堵塞滴灌带、微喷带，造成灌溉施肥不均匀问题。

图 2-2　变频水泵控制器

图 2-3　砂石过滤装置

（4）水肥控制主机。水肥控制主机是水肥管理系统核心的硬件，用来现场操作灌溉、配肥、施肥和查看数据。常见智能水肥控制系统普遍有手动模式和自动模式两种，在手动模式下，管理人员灌溉施肥可直接点击屏幕打开对应温室的灌溉电磁阀和施肥泵。在自动灌溉模式下，可设置灌溉程序，可设置灌溉日期，灌溉时间段，施肥时间段，设备会在设置好的时间段内进行灌溉和施肥，操作非常简便。更高水平的系统可以设置灌溉施肥策略，并根据灌溉施肥策略智能化管理（图 2-4~图 2-8）。

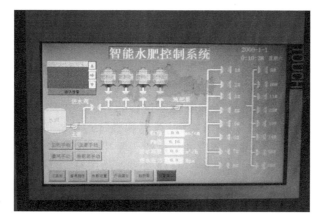

图 2-4　水肥控制界面

图2-5　小型水肥管理系统

图2-6　大型水肥管理系统

图2-7　某型号水肥管理设备主机

图2-8　某型号水肥管理设备系统

（5）施肥装置。完善的施肥装置包括施肥泵、pH 值和 EC 监测仪、搅拌器和肥桶等组成。大型施肥装置肥桶普遍配置三个，用于氮、磷、钾和微量元素，以及酸碱度调节。每个肥桶可装不同的肥料，都配有独立的控制，可通过肥桶上面的搅拌电机进行搅拌。在灌溉的主管道安装 PH 和 EC 监测的传感器，通过灌溉系统可以随时查看和控制。一套大型施肥装置可满足 5~30 栋的温室使用，管理温室过少，会造成使用成本较高；管理温室过多，由于使用统一配肥桶，会造成管道铺设较长，灌溉水肥残留较多，也会对水压有较大影响（图2-9，图2-10）。

（6）水肥管理远程控制。除现场控制外，水肥管理系统可通过远程管理云平台和手机 App 控制，控制的方法和现场控制类似。管理人员用电脑或者用手机在办公室或者家里就可以实现温室的水肥管理（图2-11）。

图 2-9　配肥装置

图 2-10　传统文丘里吸肥器

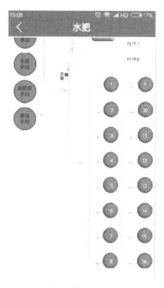

图 2-11　水肥管理手机 App 界面

三、应用效果

水肥管理装备技术通过远程控制、水肥监测和灌溉施肥量统计等功能，可实现定时定量精准调控，水肥管理装备技术可实现水肥管理调控的自动化、数据化、精准化，提高劳动生产率和水资源和肥料利用率，并改善作物品质，减少肥料使用和土壤污染，具有较高的经济效益和生态效益。目前，设施蔬菜水肥管理已经基本普及水肥一体化技术，形式包括依靠水压的文丘里吸肥器和自动化水平较高的智能水肥管理设备。

2017 年，北京市设施农业播种总面积为 54 万亩，以蔬菜和食用菌为主，配套自动化水肥管理设备的比例不足 10%，仍然主要依靠文丘里吸肥器进行水肥管理，灌溉施肥机械化水平仅为 37.2%，处于较低水平。传统的文丘里吸肥器操作落后，劳动效率低，水肥混合后施肥效果差。

目前，国内自动化水肥管理设备相关技术发展较为成熟，生产厂家及设备型号均较多，但是由于农机补贴政策配套缺乏、示范推广力度不够等原因，造成前期经济投入成本高，园区对对新技术不了解、不认可，阻碍了水肥管理装备技术的普及推广应用。

智能水肥一体化技术的应用效果主要包括以下几个方面。

（1）提高劳动生产率。传统文丘里吸肥器需要人工现场搅拌、频繁查看，费事费力，而智能水肥一体化技术可提前设置灌溉、施肥时间段，或者远程实时控制、查看，提高了劳动生产率，提高了劳动工作舒适度。

（2）提高水肥资源利用率。传统文丘里吸肥器有水压损耗较大、水肥施用不均匀等缺点，生产人员节省时间，减少灌溉次数，通常会过量灌溉，过量水肥会渗入地下造成污染和浪费，智能水肥一体化技术可转变水肥管理方式，在不增加劳动时间和强度的基础上实现少量多次、按需供给，提升水、肥资源利用率。

（3）实现精准农业的基础。智能水肥一体化技术实现了环境信息、土壤信息的监测，以及灌溉施肥的控制和数据记录，生产大数据的积累为提升生产管理水平，实现管理规范化奠定基础。设施蔬菜生产逐步向标准化和规模化方向发展，对水肥管理等设备提出了更高的要求。基质栽培等高端生产方式，对水肥供应依赖性较高，水肥的不足或过量都会对作物生长造成严重损害，肥料施用不当，也会造成肥料的浪费或者环境污染。该系统减少了随意性灌溉施肥，以及因工作遗忘造成灌溉过量，对作物造成损害。自动化水肥管理系统是设施蔬菜生产实现精准农业的必要基础。

以规模为 20 栋普通日光温室（每栋面积 1 亩）的设施农业园区为例，采用传统文丘里吸肥器，每栋温室每次灌溉施肥时间平均为 3h（受设备和工人操作影响，每次时间为 2~4h 不等，工人每隔 10min 对桶内固体肥进行搅拌，每个工人可以同时对两栋日光温室进行灌溉施肥），工作效率为：园区每次灌溉需要工时 30h；采用水肥一体化设备，20 栋温室每次灌溉施肥时间平均为 30min（倒肥料 25min，系统设置 5min 设备自动搅拌肥料，不需要人看护）；每次灌溉施肥节约工时 25.5h，劳动生产率提高 60 倍。以北京越冬番茄为例，定植时间 9 月底，次年 4 月份底拉秧，生长期预计 5 个月，平均每周灌溉施肥 1 次，整个生长期预计 21 次。按照温室工人工资 100 元/天，8 小时工作制，20 栋日光温室规模园区每茬越冬番茄灌溉施肥环节可节约 6 694 元。

采用水肥一体化设备技术滴灌带和微喷带出水均匀性更好，肥料搅拌也更均匀，可以防止人工操作失误或者不及时造成的灌溉过量问题。综合提高水资源利用率 35% 以上。

第二节　设施农业物联网技术

一、技术介绍

设施农业物联网技术通过在各区域设置环境监测终端，并配置各种传感器，常见传感器有空气温度传感器、空气湿度传感器、光照度传感器、二氧化碳传感器、土壤湿度传感器、土壤温度传感器以及作物长势监测传感器等，监测环境中的物理量参数，并传到远程管理软件平台，进行分析和显示，可以为温室精准调控提供科学依据，达到增产、改善品质、调节生长周期、提高经济效益的目的。设施农业物联网技术可以保证农作物有一个良好的、适宜的生长环境。

设施农业物联网技术主要对环境信息、作物长势信息和视频图像信息等进行采集，可以让农民实时掌握温室内环境信息和作物长势情况。目前，环境信息监测和视频图像监控技术比较常用，作物长势监测推广应用数量较少，成本反而较高，视频监控技术由于图像流量大，通常通过网线直接与网络连接进行传输，环境信息监测数据量少，通过更便捷的 GPRS 或者 4G 进行通信。

二、技术装备

在环境信息采集方面，由于不同环境信息需要配置不同传感器，不同传感器成本、维护、使用寿命、效益等问题，常见的信息采集种类为空气温度、空气湿度、光照强度、土壤温度、土壤湿度等（图 2-12~图 2-16）。

环境信息监测硬件通常由信息采集控制终端和对应的传感器组成。目前可采集的气候环境参数，包括温室内温度、湿度、二氧化碳浓度、光照强度，土壤环境参数包括土壤温度、土壤水分和盐分。

信息监测技术按照整体硬件技术架构，最简单的一种是采集后直接显

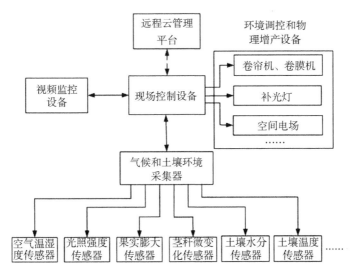

图2-12　常见的设施农业物联网技术架构

图2-13　信息采集终端

示，不传输到远程平台；另一种是采集终端采集后，直接传输给远程管理平台；最复杂的一种，是基于物联网技术，采集了传输给具有控制功能的自动控制设备，转发给远程管理云平台。

图 2-14 环境信息查询

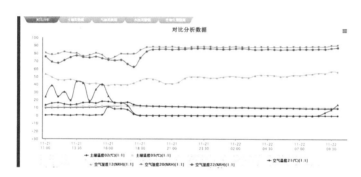

图 2-15 监测数据对比分析

光照传感器　　　　　土壤盐分传感器　　　　　土壤水分传感器

图 2-16 部分环境监测传感器

　　基于物联网技术的信息采集技术，按照通信方式，分为有线通信方式和无线通信方式。无线通信方式：采集终端采用 ZigBee 技术等无线传输技术，通过无线射频与温室外自动控制设备进行信息传输，相对有线传输方式，设备布设只需在温室内布设一根电源线供电，不需要在温室里布设复杂的数据传输线，当温室内耕整地、作物拉秧作业时，挪动较方便（图2-17）。

图2-17　无线采集终端

　　按照硬件结构集成度，可分为整体化设计和模块化设计，与整体化设计相比，模块化设计的每个传感器对应着相应采集终端，可进行增加和拆卸维修，整体化设计需要整体更换和维修，后期增加采集因子比较困难。

　　信息监测传感器、设备控制机构和现场控制器之间，需要进行监测数据和控制命令的实时通讯。常用有线传输和无线传输两种方式。有线传输方式主要有 RS-485 总线、I2C 总线等数字信号传输方式以及电压、电流模拟信号传输方式。其中，RS-485 总线是数字信号常用传输方式，具有传输距离长、传输稳定等优点，在传感器信息传输中最为常用，I2C 总线常用于温湿度传感器数据传输，传输数据量大，数据命令复杂。模拟信号常用电流信号传输，现场控制器通过将电流转换为电压，通过电压值计算监测数据，电压信号受传输长度的影响明显，应用较少。无线传输方式主要有 ZigBee、WiFi 以及基于其他频段的通信方式，无线传输方式常用于物联网中无线传感器网络的信息传输（图2-18）。

图2-18　温室环境信息采集

在图像信息采集方面。视频图像监测目的，一是温室管理人员可随时通过远程云平台或者手机查看温室内作物的长势情况、各设备的运行状态情况和工人作业情况，并可采集各个时期作物长势图片保存以便查询；二是用于作物疾病诊断方便专家指导，当作物发生病虫害或生长不良等问题时，通过远程管理云平台的远程视频或者图像采集，专家可以通过视频远程查看作物真实的病虫害情况，为温室管理人员提供精准的管理意见。

图像视频监控硬件设备普遍采用球机摄像机或者枪机摄像机。球机摄像机特点是价格较贵，是枪机的几倍甚至十几倍以上，但是功能齐全强大，清晰度高，可以调整焦距，可以上下左右旋转；枪机成本较低，不能远程调整控制，但也可以满足基本需求。在实践中，农业园区可以根据需求，搭配使用枪机和球机摄像（图2-19）。

图 2-19　球型摄像机

三、应用效果

（1）推动设施农业迈向精准化管理。信息化技术设备的引进可以实现由传统定性向定量的转变，生产人员丰富的经验通过信息化技术进行记录形成大数据，为生产提供参考，生产作业安排、人员管理、农机管理、生产资料管理等通过信息技术可实现现代化管理。

（2）提高工作舒适度和工作效率。以京郊为例，随着社会发展，京郊农业生产人工成本越来越高，从业平均年龄越来越高，农业环境风吹日晒，年轻人员普遍较为抵触。设施农业物联网技术通过将园区所有温室信息监测和设备控制集中在一个物联网平台上，管理人员不在需要前往每个温室进行管理，只需要在办公室电脑或者手机上进行操控，便可以掌握所有温室的信息，以及设备的控制，遇到极端情况还会自动预警，提高了工作的舒适程度，减少了相关管理人员，从而大幅度提高了工作效率。

（3）提高环境调控和物理增产设备利用效率，提高土地产出率。设施农业具有相对封闭的生产环境，相对大田具有较高的土地产出率和经济效益，近些年，京郊试验示范的环境调控设备和物理增产设备也逐步增多。但目前补光灯、空间电场等设备由于缺乏信息监测数据支撑，利用率较低，效益不明显。各设备相对独立，操控复杂，降低了农民的认可度，从而阻碍了各技术的推广应用。设施农业物联网技术通过将信息监测、设备控制、信息化管理功能集成在一个平台，可提高环境调控和物理增产设备利用效率和降低操作难度，提高作物产量。

设施农业由于封闭空间、容易调控和高产值的特点，设施农业物联网技术具有较高的效益价值，为精准农业提供了技术支撑。效益主要包括以下几方面。

（1）远程监测，提高劳动生产率。管理人员通过远程管理云平台或者手机就可以实时查看设施内环境信息和作业情况，不需要频繁在温室内往返，提高了管理人员的劳动效率。

（2）信息数据化，为精准化管理提供技术支撑。信息监测技术的引进，改变了传统的方式，信息数据化也为管理方式的不断改进和积累提供了技术参考，实现了数据的储存和分析，实现了从定性到定量的转变，是由传统农业走向智能化农业的基础，也是现代化、规模化农业管理的必然要求。

以规模为 20 栋普通日光温室（每栋面积 1 亩）的设施农业园区为例，环境监测设备可监测气候和环境等 7 种环境信息，控制设备有卷帘机、卷膜器、补光灯、空间电场、内循环风机，为配套智能设备情况下，每个工人管理两栋日光温室，每个工人每天前往温室查看环境信息和设备控制次数大约6 次，每次耗时 30min，共计 3h。园区 10 个工人，每天花费工时共计 30h；采用设施物联网技术，园区安排 1 人专人管理，工人可以可在办公室统一管理 20 栋温室，每次耗时 10min，在环境信息查看和设备控制环节，每天耗时共计 1h（按照 6 次计算），劳动生产率提高 30 倍。按照温室工人工资100 元/天，8 小时工作制，20 栋日光温室规模园区在查看环境信息和设备控制环节，每天可节约人员成本 368 元。

第三节　自动化控制技术

一、技术介绍

温室自动控制技术是设施农业中最常见的智能化技术之一，具体设备形式多样，简单的设备可以现场操作卷帘机、卷膜机工作，查看温室温度和湿度等；比较完善的技术为基于物联网技术的设备，可以与信息采集设备、远程管理软件平台通过 GPRS、4G 等方式进行通信，可以现场或者远程控制温室内设备的工作状态。设备控制机构包括卷帘控制器、卷被控制器、风机控制器、灌溉设备、补光灯、加温设备等机械设备。现场控制器具有数据处理传输、数据存储、现场操控等功能，通常由 CPU 模块、存储模块、电源模块、GPRS 通信模块、RS-485 总线模块等组成。下面以基于物联网的温室自动控制技术为例进行介绍。

二、技术装备

温室自动控制技术装备包括温室自动控制设备以及卷帘机、卷膜机、补光灯等环境调控设备（图 2-20、图 2-21）。

图 2-20　温室自动控制设备

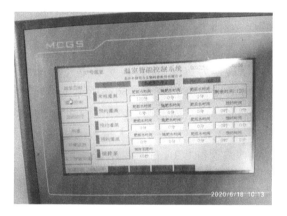

图 2-21　控制界面

温室自动控制设备的直接功能是操控卷帘机、卷膜机、补光灯等设备的工作状态，也是信息采集、温室内各设备以及远程管理云平台三者的一个连接枢纽，可以进行信息数据和操控命令的传输，最终实现温室管理人员便捷化管理，可以现场或者远程管理云平台、手机 App 等方式，进行数据查询、设备控制等，大大提高了工作效率。温室自动控制技术主要包括以下三部分功能。

控制温室内设备。通过控制器上的按键开关或者触屏，现场可以直接控制各设备的运行状态。设备类型包括各种环境调控和物理增产等设备，温室内常见设备有卷帘机、卷膜机、补光灯、简易灌溉设备、二氧化碳施放装置、加热装置、循环风机、空间电场、补光灯等，根据需要可以接入若干种设备，理论上通过上电和断电控制的设备均可以接入（图 2-22）。

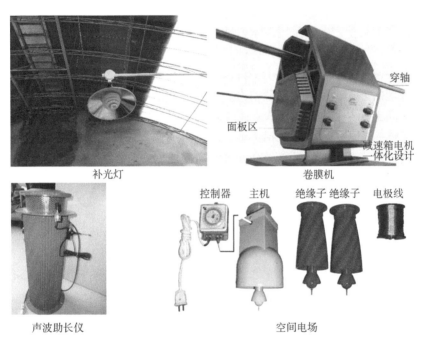

补光灯

卷膜机

穿轴

面板区

减速箱电机一体化设计

控制器 主机 绝缘子 绝缘子 电极线

声波助长仪

空间电场

图 2-22 温室常用环境调控设备

环境信息显示和环境信息中转站。作为温室内信息采集设备与远程管理云平台的信息中转站。温室内信息采集设备采集的信息先传到该自动控制设备，再通过 4G 或者 GPRS 等方式传输到远程云平台，自动控制设备接受到远程管理云平台的信息采集的相关命令，通过有线或者无线方式传输到环境信息采集设备。高端控制器均配备控制器触摸屏和安卓等软件系统，可查看温室的实时信息数据和温室内设备运行状态。

与远程管理云平台进行数据和命令的实时通信。内部配有 4G 通信模块，可实现远程管理，采集的温室信息和卷帘机、补光灯等设备的运行状态与远程云平台保持实时一致。该功能使得管理人员除现场操作外，通过手机和远程管理平台也可查看温室信息，对温室内的各种设备进行远程控制。

三、应用效果

智能化、信息化技术的应用，将真正实现农民足不出户也可以管理温室的愿望，温室管理人员坐在办公室，用电脑或者手机就可以直接操作温室卷帘机、补光灯等一系列设备，温室自动控制技术是实现该目标的一个基础，对生产效益的体现在以下几个方面。

提高劳动生产率。采用温室自动控制技术，可以远程通过手机 App 或者管理云平台远程操控温室内设备的开关状态，不需要在温室间来回奔波，通过将多种设备控制集成在一个平台，极大地提高了工作效率，可以通过采用专人管理的方式，节约管理劳动力。

提高工作舒适度。由于农业工作环境相对恶劣，很多年轻人不愿意从事农业工作，造成了农业园区招工难，人员年龄偏大的难题，应用现代化的自动控制技术，劳动人员可以坐在办公室内完成温室管理，极大地提高了劳动人员的工作舒适度。

第四节　作物长势监测技术

一、技术介绍

随着物联网、环境调控和水肥一体化等农机智能化技术的发展，能直接反映番茄等作物水分亏缺等长势信息的监测技术逐渐由研究转入试验应用阶段。基于传感器监测技术，可以不用开窗式测量获取作物长势的实时信息，为相关研究和智能化技术应用奠定了基础。

目前，京郊日光温室生产中的环境监测设备、环境调控设备、控制设备和水肥一体化设备等智能化技术都有一定的应用，部分园区可以实现一定程度的自动化管理。但是，环境信息监测设备监测的水、肥、温、湿、光照等环境因子对作物长势的影响仍然需要管理人员根据经验进行判断，然后对设备进行操作、对环境进行调控，这种模糊管理阻碍了日光温室机械化生产管理由自动化向智能化的转变，不能最大限度地提高环境监测设备和控制设备的使用效果和效率，不能提供最科学的作物生长环境。

二、技术装备

在作物长势监测技术方面，以番茄作物为例。作物长势信息监测是比较复杂的技术，需要后台数据模型研究和分析支撑，目前应用较少。采集因子包括作物茎秆微变化、果实膨大、径流和叶面温度等等。可采集作物非常细微的变化，能反映短时间内作物长势情况，可为水肥管理和环境调控提供参考信息，也是进行技术效果验证的一个辅助工具。应用作物长势监测技术，使每一次种植管理的效果都能量化，可记录作物的每天的生长情况，从而更科学地制定种植方案。

作物长势监测技术可远程监测番茄茎秆、番茄果实长势情况，包括秸秆直径监测传感器、果实直径监测传感器、叶面温度传感器、作物长势信息采集器、现场自动控制设备（具有采集信息显示、信息中转的功能）通过远程管理平台记录整个生长期内的作物长势情况（图2-23~图2-26）。

茎秆直径监测传感器

果实直径监测传感器

叶面温度传感器

作物长势信息采集器

图2-23 作业长势监测相关监测设备

茎秆直径传感器测量范围：具有5~25mm、20~70mm两个量程，本项目先使用5~25mm量程传感器，可根据直径变化更换，分辨率为0.001mm。果实直径传感器测量范围：15~90mm，分辨率为0.001mm。叶温度测量范

图 2-24　作物长势信息实时显示

图 2-25　作物长势信息查询及 excel 导出

图 2-26　采集传感器选择

围：0~50℃，精度为 0.1℃。

三、应用效果

通过对环境因子、作物长势、环境调控措施的数据关联性分析，为日光温室生产管理由自动化向智能化发展提供了理论支撑，最终实现降低劳动强度、提高工作效率的目的，有利于推动设施农业智能控制技术的应用，有利于设施农业的规模化发展。

基于番茄长势的主要环境参数与智能调控关系研究，未来可以发挥以下4个方面的优势和效益。

科学指导水肥管理。传统的灌溉施肥策略只能参考气候环境信息和土壤信息，目前实际应用中，常用的有光照累积量和土壤湿度等信息。传统技术不能获取作物本身的长势数据信息，因此，不能反映出作物实时生长信息，特别是短时间内的需求变化，随着作物长势监测传感器的发展以及相关关系模型的研究表明，作物长势监测技术可以为番茄作物提供水肥管理科学的理论依据，更能实时满足作物的水肥需求。

指导环境调控设备应用。设施农业中常用的环境调控设备主要有卷被、卷膜、补光灯、风机和空间电场等设备，主要对气候温度、湿度、光照进行直接调控，从而影响作物光合速率和蒸腾作用等直接与作物长势相关的生长因素。通过对作物长势信息监测，可以为环境调控设备的作用进行评价，也可以为环境调控策略提供科学理论依据。

设备试验效果验证工具。近年来，空间电场、声波助长仪和补光灯等一批新型物理增产技术应用逐步增多，这些设备应用效果如何，传统方式只能对一茬作物进行最后测产，而作物产量影响因素多，而且传统方式不能反映短时间内作物的长势变化。通过作物长势监测技术可以监测短时间内作物对某影响因子的反应，降低了其他因素的影响。

间接改善番茄品质，提高产量。在整个生长期内，通过实时作物长势监测，为番茄作物生长提供恰当的气候、水肥等环境，可以保障番茄作物更好的生长，从而间接改善番茄的品质，并提高产量。

第五节　远程管理云平台

一、技术介绍

远程管理平台应用了互联网技术、大数据技术、移动通信技术和云技术等，是未来实现智慧农业的基础。远程管理平台包括电脑客户端和手机 App 两种操控模式，均可实现对物联网的信息查询、参数设置和设备控制。远程管理平台功能主要有农业物联网设备管理和园区管理。农业物联网设备管理包括信息存储、信息展示、信息查询、参数设置、设备控制、系统报警等功能。园区管理包括设施作物生产计划、生产物理管理、作物收获和销售信息和作业人员管理信息等。

　　远程管理平台是设施信息化设备管理通畅运行的后方保障，主要包括数据库、数据管理、决策系统、操作界面等。设施农业环境实时监测的特点，会导致产生大量的信息数据，要求远程管理平台具有较大的存储空间和运算处理能力。远程管理平台传统数据存储方式有存储空间有限、维护升级成本较高等问题，随着云服务的兴起，云存储靠维护成本低，存储空间大等优点，开始被广泛关注。

　　远程管理云平台建设是实现园区不同自动化、智能化设备统一管理、互相支持的基础，按照功能划分，主要包括数据查询展示、设备控制和数据处理功能。数据查询展示功能：通过数据、图像和视频资料多种介质形式，便捷查询实时环境信息、作物长势信息、设备运行状态、病虫害预报情况；设备控制功能：通过云平台可控制设施内各环境调控设备和水肥管理设备，实现远程操作，降低劳动强度，提高工作效率；数据处理功能：云平台实现大数据存储功能，可存储环境信息、视频图像、设备操控记录等众多信息，为数据查询、数据处理和手机 App 控制提供保障。

二、技术装备（图 2-27~图 2-30）

设施农业物联网平台

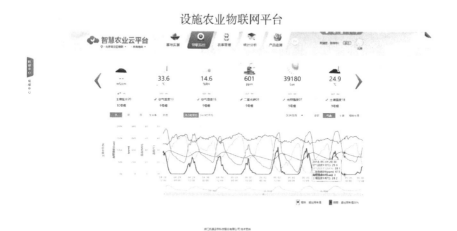

图 2-27　远程管理云平台—信息查询、展示、下载界面

图 2-28 信息监测手机 App 界面

图 2-29 远程管理云平台—控制界面

图 2-30 远程管理云平台—手机 App

三、应用效果

远程管理云平台的应用可以大幅度提高工作舒适度和工作效率。设施农业物联网技术通过将园区所有温室信息监测和设备控制集中在一个物联网平台上，管理人员不在需要前往每个温室进行管理，只需要在办公室电脑或者手机上进行操控，便可以掌握所有温室的信息，以及设备的控制，遇到极端情况还会自动预警，提高了工作的舒适程度，减少了相关管理人员，从而大幅度提高了工作效率。信息化技术设备的引进可以实现由传统定性向定量的转变，生产人员丰富的经验通过信息化技术进行记录形成大数据，为生产提供参考，生产作业安排、人员管理、农机管理、生产资料管理等通过信息技术可实现现代化管理。

第六节　植物工厂技术

一、技术介绍

植物工厂是通过设施内高精度环境控制实现农作物周年连续生产的高效农业系统，是利用智能计算机和电子传感系统对植物生长的温度、湿度、光照、二氧化碳浓度以及营养液等环境条件进行自动控制，使设施内植物的生长发育不受或很少受自然条件制约的省力型生产方式。

二、技术装备

植物工厂通过设施内环境控制可实现农作物周年连续生产，在具体生产实际中，相关技术要点主要体现在"光""温""气""水"和"肥"五个因素的控制上。

"光"：植物工厂通过 LED 提供光源或补充光源，包括红、蓝和紫外线（UVA、UVB）等特定波长光源。由于不同作物、不同生长期，对光源需求不同，因此，实现了红蓝光比例可调、总光照度可调，这将提升 LED 补光效果和电能有效利用率。

"温"：作物的生长和品质都受温度直接影响，植物工厂配套温度调控设备，并实时监测、调控温度。规模化的植物工厂通常采用专业的通风设备进行通风降温，通过专业加温设备进行加热（LED 光源自身也会产生大量热量）。小规模的植物工厂通过空调进行加热和降温。

"气"：主要是保障二氧化碳的供给。植物工厂种植密度高，光合作用需要大量二氧化碳，可通过通风设备换气进行补充二氧化碳，或通过罐装或袋装二氧化碳管路释放的形式进行精准按需供给。小规模试验通过空调进行换气调节就可满足需要。

"水"：配套过滤装置对水进行过滤、消毒，并监测调节 pH 值。

"肥"：肥料选用水溶性较好的肥料，肥料包括常量元素氮、磷、钾、钙、镁，微量元素硼、锌、铁、锰、铜等。肥料配方根据不同作物、不同生长阶段进行配比。

此外，栽培支架的设计合理性和材料品质也是关系生产效率、农产品安全的重要因素（图2-31~图2-33）。

图2-31 植物工厂独立栽培支架

三、应用效果

植物工厂是现代设施农业发展的高级阶段，是一种高投入、高技术、精装备的生产体系，集生物技术、工程技术和系统管理于一体，使农业生产从自然生态束缚中脱离出来。按计划周年性进行植物产品生产的工厂化农业系统，是农业产业化进程中吸收应用高新技术成果最具活力和潜力的领域之一，代表着未来农业的发展方向。

栽培环境可控，单位面积产量高。植物工厂环境密闭，不受外界气候影响，水、光、气等环境均可以人工监测、调节，可以完全避免自然灾害，劳动强度轻，劳动环境舒适。单位面积产量是露天栽培的10~20倍，是温室大棚的5~10倍。水、肥、药可控，食品安全有保障。植物工厂由于栽培环境

图 2-32a　植物工厂生产场景

图 2-32b　植物工厂种植的蔬菜

消毒严格，没有土传、水传病害发生，因此病虫害较少，不用使用农药及相
关激素，生产出来的食品更加安全可靠。

图 2-33 植物工厂

第七节 园区病虫害预警技术

一、技术介绍

园区病虫害预警技术设备形式多样。以托普云农公司生产的智能虫情测报系统为例,该设备是新一代图像式虫情测报工具。该产品采用不锈钢材料,利用现代光、电、数控集成技术,实现了虫体远红外自动处理、传送带配合运输、整灯自动运行等功能。在无人监管的情况下,可自动完成诱虫、杀虫、虫体分散、拍照、运输、收集、排水等系统作业,并与无线模块相连,适用于异地无线远程数据的收发,可根据需要实时的对环境气象和虫害情况上传到指定网络服务器,服务器后台对上传的图片进行识别,可对虫子种类及数量进行识别确认,并在网页端显示识别的虫子种类及数量,根据识别的结果,对虫害的发生与发展进行分析和预测,为现代农业提供服务,满足虫情预测预报及标本采集的需要。目前软件可识别的虫子共计 5 种(褐飞虱、白背飞虱、大螟、稻纵卷叶螟、二化螟)。

二、技术装备

智能虫情测报系统具有多种模式。光控模式:光控模式下有效,时控模式下不受光控影响。遮挡光控传感器(模拟夜晚状态),灯管自动亮起,测报灯进入正常工作状态——诱虫灯、加热管及落虫通道开启。去除光控传感器遮挡物约 1min，测报灯停止工作——诱虫灯及加热管关闭、雨水通道开启。时控模式：当前时间处于设定的工作时间段时，最多可设置 48 时段；支持跨天时间设置，只要满足其中一个时段都会开灯工作（图 2-34）。

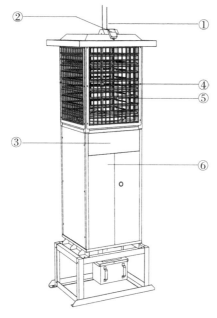

图 2-34　系统结构
①—GPS 天线；②—雨控传感器；③—壳体；④—诱虫灯管；⑤—过滤网；⑥—柜体

雨控工作原理：下雨时（检测有雨滴），仪器检测到下雨，系统启动下雨保护——关闭灯管、加热管，关闭落虫通道并打开排水通道，雨水从排水通道顺流出箱外。雨停后，若仪器重新检测为晴天时，根据雨前设置及外界环境进入不同的状态。

诱捕原理：紫外线诱虫灯发出令害虫敏感的光线致使害虫飞扑，撞击玻璃屏落到下端漏斗顺着打开的落虫通道滑进杀虫仓。

害虫处理原理：利用远红外加热处理害虫，活虫落入后 10~45min 即被杀死（具体时间根据目标体大小用户自己设置）。每隔一定时间，虫体从杀虫仓转入烘干仓，继续对虫体烘干加热相同时间，然后干燥的虫体转入撒虫盘。为了提高杀虫效率，特设置上下两层红外加热仓，两个活动门交替开启，保证每个虫体至少经历一次远红外加热处理周期。

撒虫原理：虫体经过杀虫/烘干仓掉落到撒虫盘上，撒虫盘上做有波浪条纹,在撒虫盘下方固定有震动电机,虫体均匀掉落在运转中的传送带上将虫体运输到摄像头下方。

拍照功能:拍照分为手动和自动。手动拍照即根据需要拍照即可拍照;自动拍照根据工作模式下的害虫处理时间拍照,即处理一次拍一次。

该智能测报系统总体结构分为上下两部分:上部为诱虫装置、雨控装置、通信天线,下部为一体柜结构。柜内设有控制电路、虫体杀虫烘干处理装置和虫体分散、运输机构及摄像机。

诱捕装置由诱虫灯管、过滤网、撞击屏和捕虫漏斗组成。诱虫灯管竖直安装在中央位置,四周安装过滤网用以过滤非目标类虫害,周围安装三块撞击玻璃屏,灯管和玻璃屏上方安装有碟形灯帽,下方安装有捕虫漏斗,漏斗通向柜体内的处理仓中。

三、应用效果

智能虫情测报系统具有远程设置工作模式,可远程自动拍照和手动拍照,具有 7 寸电容屏显示与操作,采用光、电、数控技术,自动控制。测报灯内设有图像采集设备,可通过摄像头实时采集传送带上的虫子情况,通过平台中的识别功能进行识别计数。也可通过平台远程进行拍照和工作模式更改等设置,具有多种联网方式,可随时随地联网管理。各种仪器和数据报警参数可远程上传到后台服务器,可在网页端查询配置,方便维护和管理。内置 GPS 定位功能,可在网页地图中查看设备站点等数据,全中文液晶显示,可分时段设置和控制,自动拍照和手动拍照均可;设备也可以手动控制换仓、诱虫灯开启、加热管通断、杀虫仓和烘干仓清空、震动电机开关、传送带开关等功能;虫体均匀洒落平铺在传送带上,传送带准确将虫体运输到拍照区域内;虫体处理致死率不小于98%,虫体完整率不小于95%;虫体处理仓温度控制:虫体处理温度可达到(85±5)℃,最高工作温度(135±5)℃,根据仓位功能任意可调;上下两层远红外虫体处理仓,更有效地完成杀虫和烘干工作;光控控制:晚上自动开灯运行,白天自动关灯(待机),在夜间工作状态下,不受瞬间强光照射改变工作状态;时段控制:根据靶标害虫生活习性规律,设定工作时间段。

第八节 物理调控技术

常见物理调控技术主要包括补光灯、空间电场、二氧化碳施放技术、声波助长仪等。

物理农业是依赖于现代物理技术基础之上的农业实用技术，是将电、磁、声、光等物理学知识和高新技术通过特定方式应用到农业生产中，对农作物进行处理，可在减少化肥和农药使用量的情况下，收到优质、抗病和增产的效果，提高农产品的安全性，并有利于保护生态环境，促进农业的可持续发展，提高农民的收入。

一、补光灯技术

植物补光技术是按照作物需求利用补光灯进行合理补光的技术，是依照植物生长的自然规律，根据植物利用太阳光进行光合作用的原理，使用灯光代替太阳光来提供给温室植物生长发育所需光源。

光照与作物的生长有密切的关系。最大限度地捕捉光能，充分发挥植物光合作用的潜力，将直接关系到农业生产的效益。近年来由于市场需求的推动，普遍采用温室大棚生产反季节花卉、瓜果、蔬菜等，由于冬春两季日照时间短，作物生长缓慢，产量低，因此急需进行补光。植物补光灯在设施农业上的应用有利于培育优苗、壮苗，提升蔬菜水果品质；利用补光灯产生的光环境的动态控制管理技术将会是日后植物工厂研究领域的一大热点。

目前，生产上常用的人工补光光源有荧光灯、白炽灯、高压钠灯、高压汞灯等，但这些补光灯均存在光效低、能耗大、热效应高等缺点。LED 灯的平均使用时间为 12 万小时，40W 的有效光照面积约为 $30m^2$。综合来看，LED 灯在节能环保方面表现出较强的优势。

LED 植物生长补光灯是利用同体半导体芯片作为发光材料，当两端加上正向电压，半导体中的载流子发生复合，放出过剩的能量而引起光子发射产生可见光。利用植物生长补光灯对日光温室茄果类蔬菜进行适时补光，能够有效解决寡照天气对植株正常生长的影响，是提高蔬菜产量和品质的有效途径之一。LED 植物生长补光灯的优势目前市场上出售的植物生长补光灯种类很多，常见的类型有 LED 灯、高压钠灯、荧光灯等。研究得出，LED 植物补光灯的波长非常适合植物生长、开花、结果。市场调研结果表明，同等功率的 LED 灯和荧光灯对比，单价方面荧光灯稍便宜一些，但 LED 灯的光照强度大，使用寿命长。LED 灯（40W）有效光照面积约为 $30m^2$，高压钠灯（400W）有效光照面积约为 $30\sim40m^2$，但高压钠灯的价格是 LED 灯的近 10 倍。根据生产实际需求，结合投入的性价比，生产中常选用 LED 类型的补光灯。

安装及调试。在安装前一定要切断电源，防止发生触电。在安装的过程中，开关、电源线、灯头等安装、连接方法要严格遵守标准进行操作。补光灯安置在日光温室内距离采光屋面地脚线 3.0~3.5m 点位的垂直上方，植物补光灯的光源距离冠层 1.5~2.0m，随着植物生长，适当调节安置高度。如果日光温室跨度<8m，从一端山墙开始逐一排放，每隔 3.5m 安置 1 盏补光灯，首盏和末盏补光灯距离侧墙（山墙）1.5m。如果日光温室跨度≥8m，可适当安装 2 排补光灯，或者可以互相交叉、均匀分布安装补光灯，平均每30m² 安置 1 盏补光灯。补光灯安置之后，及时进行调试，观察是否有短路、接触不严、灯具不亮、开关控制不良等现象，如出现上述问题要及时切断电源进行检修、重新安装，再次调试，直至正常运行（图 2-35，图 2-36）。

图 2-35 安装补光灯的育苗温室

图 2-36 补光灯

应用时间。常规日光温室蔬菜生产，在正常光照较强的天气条件下，上午揭开草帘前补光约 2h 和下午盖上草帘后补光约 2h；当遇到阴、雨、雪、雾、霾天气时（光照度低于 20 000lx），已影响了蔬菜光合作用，就应及时进行补光，保证植株有效光照在 10h 以上。结合相关材料和日光温室冬季生产的实际情况，制定出了不同作物的补光时长。

定期检修。日光温室冬季生产过程中，棚室内温度高、湿度大，环境相对复杂，开关、电源线、灯具等设备腐蚀、损坏现象较容易发生；因此在生产过程中要安排人员定期进行巡查，如发现损坏及时进行维修保养，若有严重损坏，无法维修，要及时进行更换，以确保安全生产和植物生长补光灯正常工作。

拆卸保管。当越冬生产结束时，及时将植物生长补光灯及相关设备拆卸，并仔细检查设备使用情况，对有损坏的设备进行维修更换，同时对完好的设备进行清除灰尘、杂物等，之后将整理好的设备装入收纳箱，放置阴凉处，以备继续使用。

注意事项。日光温室冬季生产，补光灯、线路、开关等设备易遭腐蚀，且冬季棚室外干燥、低温，较容易发生火灾；所以，在冬季日光温室蔬菜生产中使用补光灯要注意以下几方面事项。

正确选择、安装器材。通过计算棚内补光灯等电器同时工作所消耗的功率，合理选择电源线，灯头、开关等辅助器材要选择防水的 3C 认证产品。器材安装时要聘请专业技术人员布线、安装，严格遵循《住宅建筑电气设计规范》标准，杜绝危险事件发生。

定期排查隐患。日光温室生产季时，棚内的温湿度较高，而且时常喷施具有腐蚀、挥发性的肥、药，这些严重影响到电器的使用寿命。在实际生产中，要组织专人定期检查电器设备的使用状态，如有危险现象发生，及时维修、更换。

按时开、关电源。不同植物对光照时间的需求不同，茄果类蔬菜一般为 10～14h，光照时间过长或者过短都会影响植物正常生长。同时，长时间开启补光灯不但造成资源浪费，还存在安全隐患，容易发生火灾、漏电等事故。在正常日光温室生产作业时，一定要及时开启和关闭电源。

适时调整高度。植物补光灯的光源距离冠层 1.5～2.0m 为最佳安置高度，随着植株的生长，要及时调整补光灯的高度，直到灯座与钢筋相吻合。同时随时整理植株的叶片，使补光灯的光源与植株的叶片保持一定距离，防止灯的热量烫伤植株。

及时收纳保管。一般在越冬茬蔬菜收获后，及时聘请专业技术人员将补光灯及配套设备拆卸下来，并擦拭干净，将损坏设备清理出来，集中销毁，并将完好设备整理到收纳箱内，放置于干燥、阴凉处，以备再用。

二、空间电场

空间电场是通过绝缘子挂在温室棚顶的电极线为正极，植株和地面以及墙壁、棚梁等接地设施为负极，当电极线带有高电压时，空间电场就在正负极之间的空间中产生了，利用这个空间电场能够极其有效地消除温室、生态酒店的雾气、空气微生物等微颗粒，彻底消除动植物养育封闭环境的闷湿感、建立空气清新的生长环境。在这个空间电场环境中，有电极放电产生的臭氧、氧化氮和高能带电粒子，用于预防植物气传病害、并向植物提供空气氮肥（图2-37）。

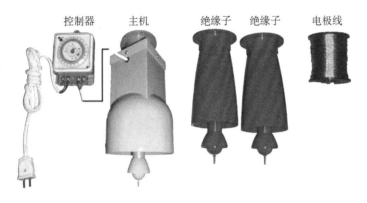

图2-37　温室空间电场

工作原理。3DFC系列温室电除雾防病促生系统是能够调节植物生长环境，显著促进植物生长并能十分有效地预防气传病害发生的空间电场环境调控系统。自然界存在的大气电场，也就是带负电荷的地球与带正电荷的电离层之间形成的空间电场是继植物生长光、水、肥三要素之后又被发现的一个新要素。温室空间电场防病促生系统在温室建立空间电场，放出高能带电粒子、臭氧和氮氧化物，使土壤与植株生活体系中形成微弱的直流电流，防治土传、气传病害，同时可以持续提高植物的光合作用强度并获得显著的增产效果。畜禽舍空间电场防病防疫系统对畜禽舍的粪道及粪尿出口、地面至屋顶的空间、进气窗、排气窗和操作间等部分，进行气体粉尘净化、病原微生物灭杀、有害气体分解与抑制。

应用范围及主要功效。主要用于温室蔬菜、花卉、果树、中草药等病虫害的防治以及植物生长速度的调控。还可用于大田作物的病害预防。利用建立的空间电场促进光合作用，健壮植物；利用建立的空间电场防治植物的气传病害；利用建立的空间电场净化温室空气、除雾和灭菌消毒；利用带有高电压的电极线的放电作用生产空气氮肥，与二氧化碳增施配合使用能够产生产量倍增效应和缺素症预防。

三、二氧化碳施放技术

二氧化碳是作物进行光合作用的主要原料之一，主要来源于空气中的二氧化碳，空气中的二氧化碳浓度一般为 $300mL/m^3$ 左右，远远不能满足作物优质高产的需要。二氧化碳浓度的高低直接影响蔬菜的产量、品质及抗病能力。在冬春设施蔬菜生产中，二氧化碳亏缺现象比较突出，已成为影响蔬菜优质高产的主要因素之一。采取人工增施二氧化碳即二氧化碳施肥是设施蔬菜栽培获得高产优质高效的有效措施。

液态二氧化碳施肥法，把气态二氧化碳经加压后转变为液态二氧化碳保存在钢瓶内，施肥时打开阀门，用一条带有出气小孔的长塑料软管把汽化的二氧化碳均匀释放进棚室内。钢瓶出气孔压力为 $1.0\sim1.2kg/cm^2$，每天放气 $6\sim12min$。二氧化碳一般为酿酒厂、化工厂的副产品，纯度要求在 99% 以上。

化学反应施肥法，主要是强酸与碳酸盐进行化学反应，产生碳酸，而碳酸化学性质不稳定，在低温条件下也能分解为二氧化碳和水。目前推广的主要是用稀硫酸和碳铵反应法。反应产生的二氧化碳可作气肥利用，硫酸铵可作土壤肥料。此法硫酸可以用工业硫酸，碳铵是化肥，成本低廉。其具体用法是：反应容器为小塑料桶、玻璃缸或玻璃瓶。浓硫酸与水按 1:3 比例稀释。稀释时将 1 份浓硫酸缓慢倒入 3 份水中，并边倒边用塑料棒或玻璃棒充分与水搅拌均匀，切不可把水倒入硫酸，以防硫酸飞溅伤人。每个棚室吊挂 $7\sim10$ 个容器，高度为作物的中上部，一般离地 1.2m 左右。把称量好的稀硫酸倒入容器中，称好的碳铵分 $7\sim10$ 份，用塑料袋装好，每个袋上扎上十几个孔洞，各放入盛酸的容器中，让其缓慢反应，反应后残渣无残留硫酸时可将其作肥料施入土壤。该法是通过控制碳铵用量来控制二氧化碳气体浓度的。另外，生产中还有用硫酸与小苏打反应法、石灰石与盐酸反应法。在具体施用时，除以上简易施法外，生产上已有成套二氧化碳气体发生装置销售。该装置是用大容器代替上述小容器，产生出的 CO_2 气体经清水过滤后用带孔的塑料管送入棚室。如河北省土肥工作站生产的芳田牌 HTI-8 型 CO_2 发生器，高科技园区或有条件的农户可采用。

燃烧施肥法：①液体燃料燃烧法。利用液态石化产品的燃烧产生二氧化碳。燃料为白煤油，在专门的燃烧器内燃烧，但成本较高。②固体燃料燃烧法。利用含碳量较高的物质，如木材、煤、焦炭等在空气中燃烧放出二氧化碳。目前已有专门设备用于生产，如一种称为"气肥机"的装置，由燃烧炉、气体过滤装置和气体输送设备组成，燃烧后产生的诸如 SO_2、CO、NO_2、H_2S 以及烟雾被很好地除去。高级二氧化碳气肥棒是一种新型的燃烧式气肥，它选用高温干馏木炭为碳源，与催化剂和活化剂充分混合压制成型，再经烘干活化，直接用火点燃后置于棚内即可，值得推广。③气体燃烧法。利用液化石油气、天然气、沼气等燃料燃烧产生二氧化碳。一般将罐装的液化气接入燃烧装置，在棚内点燃后产生二氧化碳，同时还可提供光照和热量。

微生物分解法：①增施有机肥产生二氧化碳。②在棚室内栽培食用菌。

动物呼吸法：养殖、种植一体化生产中，棚室与养殖区直接相连，如温室——养牛场（养猪场、养羊场等），利用养殖对象呼出的 CO_2 直接进入棚室，从而提高棚室 CO_2 浓度。

土壤化学法利用 $CaCO_3$ 粉为基料，与其他添加剂、载体、黏结剂一起经高温处理形成的固体颗粒，一般为颗粒状或粉状。如山东省农科院研制的固气颗粒肥，撒在地表或埋入 $1\sim2cm$ 的表土层内，在适当温度和湿度条件下，经土壤微生物的生化和物化作用，缓慢放出二氧化碳。其缺点是浓度和量不易为人控制。使用时将颗粒气肥均匀埋于行间，一般 667 平方米用量为 $40\sim50kg$，一次投入，释放二氧化碳有效期约 60 天，施后 40 天，棚内上午二氧化碳浓度达 $1\,000mL/m^3$。二氧化碳最高浓度达 $2\,000mL/m^3$。

固体二氧化碳施肥法利用固体二氧化碳即干冰在常温下吸热后升华为气体进行施肥。干冰贮藏、运输条件严格，一般在苗床内施用。使用时人体不要接触干冰，以免发生低温伤害。

施肥时期、时间与浓度。时期就蔬菜而言，以前期施用二氧化碳的效果较好，苗期可从真叶展开后开始，以花芽分化前开始施用效果为最好，定植到坐果前不宜施用，结果期施用，对于瓜类、茄果类蔬菜，宜于雌花着生、开花期、结果初期施用，因此期植株对二氧化碳的吸收量急剧增加。时间一般晴天上午，揭苫 0.5h 后开始施肥。阴天或轻度阴天可推迟 1h。冬季（11 月至翌年 2 月）二氧化碳施肥时间约为上午 9 时，东北地区可延后，春秋两季可适当提前，放风前 0.5h 停止施用。每次施肥时间不少于 2h 为好。二氧化碳施肥浓度应从作物、季节、生长期、生长情况、天气状况、肥水管理水平等诸方面考虑。一般应随光照、温度的增加而逐步提高二氧化碳用量。一般浓度晴天为 $1\ 000 \sim 1\ 300mL/m^3$，阴天为 $500 \sim 1\ 000mL/m^3$。低温寡照时期一般不宜施用。

注意事项：①二氧化碳施肥要与其他措施配套。白天室温提高 $2 \sim 3℃$，夜间降温 $1 \sim 2℃$，以防徒长。提高土壤及空气湿度。增施 P、K 肥等。②防止茎叶发生徒长。③防止高浓度二氧化碳气体中毒，生产中控制在 $1\ 600mL/m^3$ 以下较为安全。④二氧化碳气体施肥要保持连续性，一般前后两次间隔时间不超过一周。同时，施肥结束时，不要突然停止，要缓慢减量，以防早衰（图 2-38）。

图 2-38　二氧化碳设备

四、声波助长技术

声波助长仪是根据植物的声学特性，利用声波对植物进行特殊处理，促进植物增产、优质、抗病和早熟的一种机器。符合环境保护和发展生态农业的要求，是当前生产有机、绿色和无公害农产品的优选设备。

工作原理。声波助长仪对植物施加特定频率的谐振波，使其与植物本身固有的生理系统波频相匹配而产生共振，提高植物体内物质的运动速度和幅度，从而增强生理活性，加快细胞分裂，增强光合作用，生成更多的碳水化合物，加快营养物质传输和转化，增强吸收营养的能力，为农作物快速生长，高产优质奠定基础。

应用范围及主要功效。声波助长仪可应用于粮油作物、蔬菜、果树、花卉和园林苗木等作物。它能在植物生长过程中增强光合作用，增大植物的呼吸强度，加快茎、叶等营养器官的生化反应过程，促进生长，提高营养物质制造量，加快果实或营养体的形成过程，提高产量。能使叶类蔬菜增产30%，黄瓜、西红柿等果类蔬菜和樱桃、草莓等水果增产25%。加快植物的生长发育，具有促进植物生长，增加作物产量，提高营养品质，增强抗病能力，驱逐敏感害虫，提早开花结果，延长储运时间等多种功效。

JL-C 型声波助长仪主要技术参数：额定电压 220V/50Hz；输出功率20W；作用范围直径 120m（图 2-39）。

图 2-39　声波助长仪

五、多功能植保物理促生长技术

设施农业多功能植保机，在设施内使用，通过释放臭氧、灯诱害虫、风吸灭杀等物理和化学方法实现杀菌、灭虫、加热、除臭、防疫，无污染，无残留。预留接口可选配 GPS、温湿度传感器、光照传感器等物联网设备，实现手机智慧化管理（图 2-40）。

六、遥控式烟雾弥雾机

遥控式弥雾机主要包括控制系统、弥雾机和遥控车组成。目前该设备通过手机 App 来遥控前进、后退、转向，前进速度、后退速度设定，操作智能性较高。为提高设备的通用性和使用效率，弥雾机和遥控车可以分开使用，遥控车还可以运输蔬菜、肥料等，承载能力较强。遥控技术使操作人员远离弥雾机喷出的农药，减少药液对施药人员的危害，提高了施药的安全性。

遥控式弥雾机雾滴直径小，呈悬浮状，分布均匀，多向沉积特性好，雾

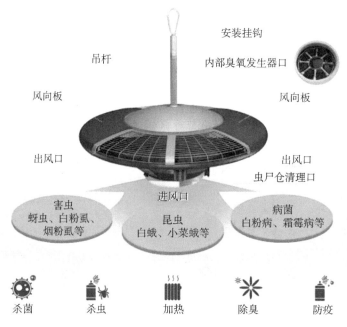

图 2-40　设备结构功能

滴在枝叶的正反面和虫体的各个方向上沉积，使农药或有机试剂增加了与病菌和害虫接触的机会，在温室内防治时这一优势更为显著，有利于提高害虫防治效果（图 2-41）。

图 2-41　遥控式烟雾弥雾机在行走

第九节　农产品食品质量安全溯源技术

　　农产品食品质量安全溯源电子秤具有产品称重、二维条码溯源标签打印、产地位置获取、身份认证、数据通信等功能。设备支持商品单价实时修改，商品特价处理；采用触感强、按键丰富的薄膜彩色键盘，各种功能按键清晰直观；具有有线通信和无线通信传输功能，两者之间可以进行随意更换；标签可自主定制，支持热敏纸和热敏连续纸（图2-42）。

图 2-42　智能追溯电子秤

第三章 林果产业农机信息化技术

第一节 果园墒情监测技术

　　光照、温度、土壤和水分等环境信息都会影响果树的生长和水果的发育，果园墒情监测技术能够为规模化果园的生产提供管理参考和依据。随着物联网、传感器和通信技术的飞速发展，实现果园数字化、信息化是未来发展的趋势，对果园各种环境数据、果树生长相关数据进行实时监测、智能分析具有重要意义。目前常见的果园墒情监测技术通常基于物联网技术，采用多种传感器监测果园环境参数，并通过网络传输至服务器端进行分析、处理（图3-1）。

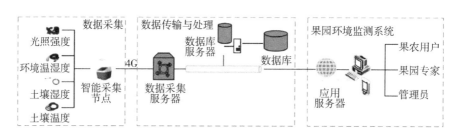

图3-1　果园墒情监测系统结构

　　在传统果园中，果树的生长、种植以及病虫害的判断是通过人工进行管理和监测的，不仅耗费人力物力，而且依赖于果农的经验，带来了不确定性和不稳定性。通过传感器信息采集、多元数据融合以及物联网等多种技术的结合，在果园中建设监测系统实时监测果树生长环境，实现农业生产过程的自动化、智能化、科学化管理。

　　为实现果园管理的自动化、智能化，实现高产高质量的目标，对诸如光照、空气温湿度和土壤温湿度等影响果树生长发育的条件变量进行及时精确地监控是十分必要的。

　　果园墒情监测系统软件通常包括数据层、服务层、应用层3个部分，具有实时性、自动化、连续性等特点，可以很好地解决传统环境监测中面临的数据采集困难、实时性差等问题，可以使管理者实时、准确地掌握各种环境参数，实现了大面积果园的自动化、智能化管理。

环境监测系统基于多种环境传感器采集环境数据，并将数据通过网络上传至采集服务器，在 Web 端和 App 端查询和管理环境数据。系统总体结构分为：数据层、服务层、应用层。

数据层是物联网的基础层，通过多种感知终端实现对物联网内果园信息的多方面采集，包括土壤含水量、空气温湿度、CO_2 浓度、光照强度等重要环境参数。这些信息将被智能采集节点接收，对其进行统一解析并处理后，通过网络上传至服务器存储。服务层主要对实时采集的果园环境参数进行分析、处理，并保存至数据库服务器进行持久化存储。应用服务器接收数据请求并进行相关的业务处理，最终将结果返回给终端用户。应用层通过 Web 和 App 2 种方式为各种用户提供可视化展示，帮助科学种植，使用户能够更方便、直观的使用本系统（图 3-2~图 3-4）。

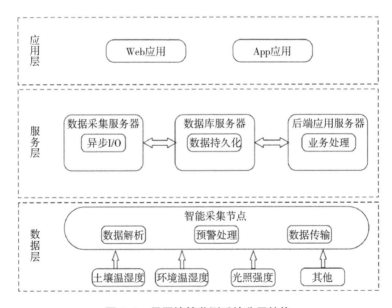

图 3-2　果园墒情监测系统分层结构

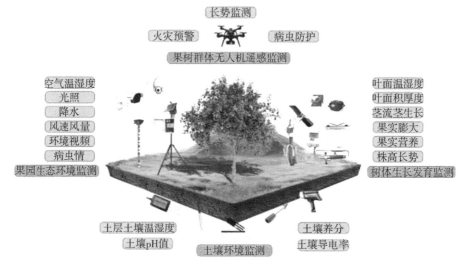

图 3-3　智慧果业监测系统

图 3-4　果园信息化管理系统

第二节　果园水肥一体化技术

在果园中应用综合水肥技术，可以明显提高水肥利用率，促进果业的可持续发展。与传统的洪水灌溉相比，水肥一体化技术将适量的水肥和可溶性肥料结合起来，通过灌溉设备系统准确、快速、及时地输送到果树根部附近的土壤中，减少水分的蒸发和养分的流失。

研究表明，水肥一体化技术可有效地节约水资源和肥料资源，特别是在地形复杂、气候干旱、水源匮乏的地区，效果更加显著，可节省约 25%~50%的肥料。

果园水肥一体化技术软硬件包括储水装置、变频水泵、过滤装置、水肥控制主机、施肥装置以及远程云平台、手机 App 等，根据作物需求精准供给水肥。

储水装置可保证在灌溉的时候水源比较稳定，并可沉淀水中的杂质，防止水源中杂质堵塞滴灌带或者微喷带。

变频水泵用来抽取蓄水池的水进行灌溉，理人员可根据灌溉温室数量、出水量要求，通过控制器调整工作频率来调节出水量和水压。

过滤装置包括砂石过滤器、叠片过滤器等种类，砂石过滤器主要对大一些的杂质进行过滤，叠片过滤器可对更细微的杂质进行过滤，并且都配有反冲洗功能。两级过滤装置在使用过一段时间后，可通过它自带的反冲洗功能，进行反方向的冲洗，将过滤器的杂质通过单独的管道排到外面去。

智能水肥控制主机是水肥管理系统核心的硬件。智能水肥控制系统的操作界面简洁形象，在手动模式下，管理人员灌溉施肥可直接点击屏幕打开对应温室的灌溉电磁阀和施肥泵。在自动灌溉模式下，可设置灌溉日期，灌溉时间段，施肥时间段，设备会在设置好的时间段内进行灌溉和施肥，操作非常简便。

施肥装置由施肥泵、肥料桶组成。

水肥管理除现场控制外，水肥管理系统还可配备远程管理云平台和手机App 控制，控制的方法和现场控制类似。管理人员用电脑或者用手机在办公室或者家里就可以实现水肥管理（图 3-5）。

图 3-5　果园水肥一体化设备

第三节　果园植保无人机技术

果园传统的打药方式，费水费药。由于果农打药不是同时进行，有的打的早，有的打的晚，有的根本不打。防治效果不理想。近年来，植保无人机在小麦、玉米、棉花防治方面成效显著。无人机植保喷头雾化指数在微米级别，属于国家航空喷洒制定级别，有效作用于农作物的叶面、害虫的吸收。飞机旋翼产生的风压可以使农作物正反面着药，而且能直达茎部，大大提高了防治效果。除了增加作物受药面积这点，植保无人机的其他明显优势是：一是省时省力，作业效率达到人工的30倍，极大地解放了劳动力；二是节约用药用水，平均可节约50%的农药，节约80%的水，有利于减少农产品农药残留和环境污染；三是不受地形环境、作物高度影响，特别是超高作物施药，无人机更能胜任。

无人植保机技术具有作业高度低，飘移少，可空中悬停，无须专用起降机场，旋翼产生的向下气流有助于增加雾流对作物的穿透性，防治效果高，远距离遥控操作，喷洒作业人员避免了暴露于农药的危险，提高了喷洒作业安全性等诸多优点。

实践证明，使用无人机对果园进行喷防作业，在节省农药、高效率作业、提高防治效果等方面很具有优势，而且减少了人工或机械操作时对田间农作物的伤害，有力提升了对农业生产中突发病虫的防治和保障能力，特别是对大面积突发性病虫害的防治具有不可替代性（图3-6~图3-8）。

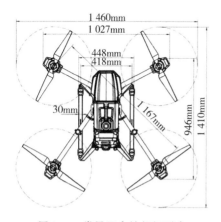

图3-6　常见无人植保机形态

图3-7　无人植保机

图 3-8　果园无人机作业

第四节　自动化水果分级技术

　　水果分级是水果商品化处理的关键环节之一，直接关系到水果的包装、运输、贮藏和销售的效果和收益品质是分级的重要依据。水果分级技术的核心问题就是品质检测，品质检测主要包括外观品质和内部品质两个方面，传统的外观品质检测主要是利用分级机械根据水果的大小、重量等指标进行分级。

　　重量分选机主要按重量大小分选规格或等级，采用高精度传感器与基于先进高速的数字信号处理技术，先进的动态重量自动补偿技术与零点自动分析和跟踪技术。利用精密动态称量技术，按产品重量大小分选等级将产品的重量称量存储，并利用数据筛选原理进行分级，将不同重量的产品分选到不同区域，实现连续、自动分类。

　　以 Compac 苹果分选设备为例，该技术可对苹果进行准确的分选分级，其苹果选果机先进的外部检测技术能检测苹果的表面瑕疵，如虫斑、碰伤、水锈、畸形等，无需切开苹果也能精准地检测苹果内部的糖度、霉心及饱满度等，针对不同产区、不同品种的苹果也能做到精准的分选分级。轻柔处理，每秒分选 8 个苹果，智能优化，最大化降低优质苹果的损失，拥有先进的瑕疵检测和内部品质分选技术及完整的追溯系统，降低人工成本，提高整体收益。

　　分选和分级是 Compac 苹果解决方案核心，根据苹果包装商的果品需求和产能，Compac 为客户提供单通道、双通道和多通道的苹果选果机。其中先进的 Spectrim、inspectra2、和 Invision 苹果分选系统都处于行业领先的地位。苹果分选分级选果机能够帮助减少人工，通过精准的分选分级，极大提高了苹果品质的稳定和市场价值（图 3-9、图 3-10）。

图 3-9　苹果分选分级设备　　　　图 3-10　柑橘分选分级设备

第五节　果园自动导航驾驶技术

果园车辆自动导航技术主要包括动力底盘和转向系统、环境感知定位及导航控制决策等内容，是实现精细化果园管理的核心。

导航控制决策主要基于传统控制理论和智能控制理论，前者需要对被控对象建立精准数学模型以实现良好控制效果，后者可避免建模不准确对导航控制精度负面影响，在果园环境具有更高自适应性和鲁棒性。环境感知定位技术主要包括导航、激光导航、机器视觉导航、声源导航和多传感器融合导航，不同类型传感器工作原理及其在农业导航应用中效果不同。

我国果园机械化发展相对滞后，农机农艺结合不紧密问题广泛存在，果园生产条件复杂。随着计算机和信息技术迅速发展，农业机器人已成为智能农机装备和精准农业重要组成部分。运用先进理论和技术手段开发适合果园作业农业装备尤为必要。自动导航系统集成环境感知、精准定位和路径规划等功能，可使机械在无人操控情况下实现多功能作业，提高果园作业效率和质量，降低劳动成本，将在未来农业领域发挥重要作用（图 3-11）。

果园作业机械，轮式底盘适用于缓坡或平坦地区果园，履带式底盘适用于丘陵或者山区果园。由于果园作业机械尺寸较小，电控式转向相比液压式转向更加适用。单一定位技术使用不同传感器优缺点并存：GNSS 传感器定位精度高且技术较为成熟，但对环境适用性较差，在传统果园中由于树干等遮蔽现象严重，对定位精度产生较大影响；激光对于复杂环境适应性强，但获取信息数量能力有限，若考虑利用三维激光或者多个二维激光组合则会使

图 3-11 果园作业平台

成本大幅度提高；机器视觉可提高环境感知能力，但受环境因素影响严重，相关数据处理技术手段尚未成熟，定位精度和速度较慢。多传感器融合技术可弥补单一传感器不足，获得更精确测量结果，但研究尚处于起步阶段。此外，智能控制方法以传统控制方法为基础发展，具有推理、决策、学习和记忆等功能，应用于复杂果园环境下车辆导航更具优势。总体来说，相比大田导航，果园自动导航技术发展较慢（图 3-12~图 3-14）。

图 3-12 自动导航驾驶机械

图 3-13 果园作业平台

图 3-14 果园采摘平台

第六节 果园对靶喷药技术

果园对靶喷药机通过对果树轮廓识别定位和变量控制，能显著节约药量。采用红外传感技术精确探测喷洒靶标，通过传感器实时测定作业速度，控制器自动控制喷洒喷头的开闭，实现了有树的地方喷药，树间或空缺处自动停止喷药（图 3-15）。

图 3-15　果园植保平台

第七节　果园虫情智能测报技术

远程虫情智能监测系统，基于 4G 无线网络、光电数控监控系统、互联网云平台、大数据分析系统组成的一个虫害物联网分析决策系统。工作原理是采用紫外光吸引昆虫，采用小电流高压脉冲电将击死。当昆虫掉进成像平台的马达化皮带上之后，内部相机捕捉昆虫图像数据。捕获的数据被传输到云服务器进行查看和分析。系统将采集的昆虫大数据进行综合分析，制定具体的灭虫措施。

图 3-16　虫情测报系统

系统专门设计了多达四路的 D1/960H/720P 音视频同步实时录像与回放的专用双 SD 卡混合高清录像机，目前采用 960H+1 路 1 080P IPC 高清摄像头满帧混合录像。采用 ARM DSP 双核高速处理器，内置 Linux 嵌入式操作系统，并结合 IT 领域中最先进的 H. 264 视频编解码、3G/4G 网络、GPS 定位、WiFi 等技术。集断电保护技术、太阳能宽电压设计于一身，具有功能强大、扩展性好、稳定性强、性价比高的特点，在国内虫害监控物联网领域处于领先地位（图 3-16）。

第四章 水产养殖农机信息化技术

第一节 池塘循环水智能控制技术

池塘循环水智能控制技术利用分布在池塘各位置的传感器，采集数据信息，基于数据信息构建的水产养殖相关模型与环境控制模型的结合能够提高养殖的科学化水平。循环水养殖系统与设施养殖控制系统中必须依托传感技术等采集控制信息形成反馈系统，从而达到对养殖环境等进行调控和科学管理的目的，同时无线通信与手机通信在养殖环境控制方面的应用也使其控制策略与控制过程得到优化。

对养殖环境参数的调控主要采用控制思想对单一参数（溶解氧含量、pH 值、温度、水位等）逐个进行调整控制，在对养殖水体系统的整体调控上体现不明显。如果以 RAS 中的浊度、温度、溶解氧含量、投喂量、硝酸盐含量、阀门开启比例作为模糊集，模糊控制器决定需要进行处理的水量，并对蒸发和沉积物中损失的水分进行补充，基于系统观点并应用现代控制技术对整个养殖系统的调控能够提高水产养殖系统的效益并提升资源的利用率（图 4-1，图 4-2）。

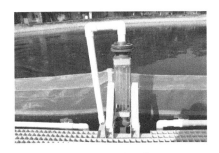 

图 4-1　水循环装置　　　　　　图 4-2　规模化养殖池塘

第二节　水产养殖智能化监控技术

智能化养殖监控管理技术是在物联网环境下，利用智能处理技术、传感技术、智能控制技术、数据收集技术、图像实时采集技术、无线传输技术来进行智能化处理。预测信息发布辅助养殖生产决策，从而来实现现场以及远程数据的获取、报警控制和设备控制。养殖监控系统的总体构成主要有：水质监测、环境监测、远程监测、视频监测、远程控制、短信通知等功能。整个操作过程利用了电子技术、传感器技术、计算机与网络通信技术，来监控水产养殖过程中的各项影响因素的合适值，控制各项影响因素在最合适的数值内，从而营造出最佳的养殖环境。关系型数据库包含了养殖品种数量、池塘基本信息以及投放饲料的溯源问题。多参数传感器集成及传输系统，包括养殖监控系统对水产生存环境的 pH 值、水温、溶解氧等数据进行采集，之后进入信息采集模块进行处理，通过一些措施控制养殖水质的环境因子在最合适的范围内，使得水产可以在最优质的环境下快速的生长，缩短了水产的生长周期，以此提高水产的产量。投喂决策通过控制远程自动投饵机得以实现，根据池塘养殖品种的生长数字模型结合传感器测量的环境因子变化情况，确定投喂时间和投喂量，形成自动投饵策划（图 4-3）。

养殖环境监测技术包括传感器、采集终端，物联网、互联网等软硬件技术，可实时监测水质各项参数。由无线传感器、无线通信技术、互联网构建的无线传感网络具有智能化程度高、信息时效强、覆盖区域广、支持多路传感器数据同步采集、可扩展性好等特点，在水产养殖水环境监测方面具有较好的应用空间。

水质监测与管理系统主要由主控计算机、现场传感器、无线智能测控终端设备等组成。通过 RS-485 总线将数字传感器与无线智能测控终端连为一体，构成现场监控单元。无线测控终端内置 CPU 模块、数据存储模块、控制模块、通用分组无线服务技术数据通信模块。直接通过 GPRS 分组交换技术将现场数据与远程控制中心连接，将采集到的水温、pH 值数据实时发送到远程数据库服务器。根据在线监测数据可以及时开启水温调节装置、增氧机、抽水机进行水质环境调节。

养殖水质在线监控的系统集成就是对整个养殖生产工艺流程所牵涉的各个环节，通过统一的平台进行工程设计和组态，达到网络区域的水质检测、现场设备和养殖场各种控制的可视化运行要求。系统集成的原则是水质传感

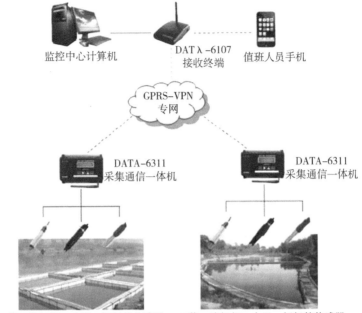

监控中心计算机　　　DAT λ –6107　值班人员手机
　　　　　　　　　　接收终端

GPRS–VPN
专网

DATA–6311　　　　　　　　　　DATA–6311
采集通信一体机　　　　　　　　采集通信一体机

pH值、溶解氧、水温、氨氮等传感器　　pH值、溶解氧、水温、氨氮等传感器

图 4-3　常见水产智能化监控架构

器检测原理和方法符合国家有关技术标准，设备符合技术规范，系统具有性能稳定、简单实用、性价比高等特点。同时，具备系统的可配置性和资源扩展能力。养殖水质在线自动化监控系统主要由采样系统、传感器网络、现场控制器、FCS 总线、系统软件等部分组成。

　　养殖监控系统的智能中心主要是将采集来的信息进行整理、输出再进行控制，其属于整个模块的智能中心，监控人员与客户无论是在室内或者户外，都可以通过现场的监控设备、远程 PC 机控制或通过通信设备来进行控制，打破了传统的水产养殖模式，实现了现代化养殖的自动化与智能化。现场控制中心可以根据监测系统显示的结果进行智能控制，与此同时还能及时的通知现场的工作人员进行问题的处理，这样就避免了水产养殖过程中出现差错的几率，进而实现利益的最大化（图 4-4、图 4-5）。

　　智能水产养殖管理设备，主机负责将采集到的数据经移动通信数据通道和互联网传送到服务器，也可以接收来自服务器的控制指令，打开或关闭鱼塘里的设备。每个鱼塘前端安装有两类设备：第 1 类传感器采集数据，含氧量、盐度、温度传感器，分别用于采集养殖水体溶氧量、含盐量、温度；风

图 4-4　室内增氧装置

图 4-5　太阳能增氧机

向、风速传感器，用于采集气象条件。第 2 类常用控制设备，包括增氧机、投料机、换水泵。养殖户即使人不在现场也可以经过移动终端设备远程实时查看自己鱼塘的传感器数据，及时获取异常报警信息，远程启停增氧机、换水泵，实现智能控制。另外还可以根据监测结果，根据鱼塘形状、鱼群生产特点，控制投料的时间间隔及投料的量，达到无人也可以自动喂养、精确投料，实现智慧养殖（图 4-6）。

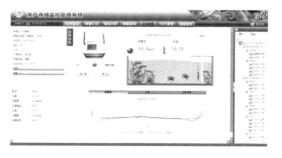

图 4-6　智能化监控平台

第三节　智能投饲技术

一、工厂化养殖自动投饲机

工厂化养殖自动投饲机能一次完成一个车间里多达几十个鱼池或其中任意鱼池的定时、定量精确投饲，自动检测、自动运行和自动记录，提高了机械化和自动化水平，降低了劳动强度，节省了劳动力成本支出。主要由行走系统、投饲装置、电力系统和控制系统等组成。

在鱼池上方架设跑道式钢轨道，导轨的长度和形状可根据现场鱼池的分布做出相应的调整，在每个鱼池的正上方设置相应的定位识别点。该样机使用反射面为 80mm×150mm 的鱼池定位识别板实现系统定位，投饲装置沿轨道行走到识别点后，安装在投饲装置上的超声波传感器能检测到它到导轨的距离发生变化，便反馈到触摸屏使其发出指令，停止行走滑车的行走电机。投饲装置停止在鱼池上方，接收投饲指令后开始投饲，投饲快完成时，触摸屏发出指令给下料口的步进电机，使其转动下料口挡板关闭下料口，此鱼池投饲完成，行走滑车的行走电机继续启动去完成程序指定的其他投饲点。当所有的指定投饲点全部完成时，投饲装置自动回到初始点等待下一次投饲时刻的到来。

二、网箱养殖投饲机

网箱养殖投饲机主要由机架、罗茨风机、手动离合器、饲料输送装置、输送管道、出饲方向调节装置和投饲速率控制装置等组成，可直接固定于小型作业船船板上。

网箱养殖投饲机在工作时，动力由作业船上柴油机经由皮带、手动离合器传送给罗茨风机，作业船上 24V 电瓶为饲料输送装置和投饲速率控制装置供电，饲料由料斗经过饲料输送装置进入输送管道，在罗茨风机的风力作用下投放到网箱中。通过改变柴油机转速可改变投饲距离，出饲方向调节装置可调节投饲方向。

三、集中式投饵装备

近年来，随着养殖技术的日益进步，国外的养殖规模日趋大型化，集中式投饵技术和投饵装备得到了较好的开发和应用。Advasmart 自动投饵系统的研发和使用在很大程度上降低了投饵时劳动力的需求量，提高了饵料利用率，使复杂的水产养殖控制过程变得非常简单。为了满足深水网箱养殖大容量投饵的需要，美国 EI 公司研发生产了 FEEDMASTER 自动投饵系统，在世界上许多深水网箱养殖国家得到了较好的应用。该系统拥有复杂的设计工艺，最大限度地降低了饵料颗粒的破损率，该系统由一个或者多个大型料仓、风机、分配器、基于 PLC 的控制系统和 PC 人-机界面软件等组成，平均投饵能力达到了 100kg/min，最高可达 250kg/min，每套 FEEDMASTER 自动投饵系统可为多达 60 个网箱供料。加拿大 FeedingSystem 公司针对不同的养殖模式研发的自动投饵系统，可应用于大网箱、陆基养殖工厂和鱼苗孵化场 3 种养殖环境，为了提高养殖过程操控的便捷性，公司为各种不同的养殖对象分别开发出了不同的投饵控制软件，自动投饵机和专用软件的配合使用在很大程度上提高了饵料的利用率。意大利 TeehnoSEA 公司为了解决普通投饵装备在恶劣天气和海况下正常投饵的难题，于 20 世纪 90 年代末研发出了一种沉式智能投饵机，能将不同类型、品质、大小的饵料颗粒投入水中供水产品摄食，该智能投饵机采用自动沉浮设计工艺，实现了全天候的自动投饵（图 4-7）。

图 4-7　ADVASMART 自动投饵系统

四、高精度投饵装备

为了提高小型养殖场或网箱投饵过程精确度和稳定性，国外开发了高精度的投饵技术，研制成功能进行自动投饵的投饵机器人，追求高精度投饵。芬兰的 Arvo-tec 公司研发了适用于拥有 30 个以上养殖池的养殖场的机器人投饵系统，实现了高精度陆基池塘养殖投饵模式。该系统由几个小型的漏斗形投饵机器人组成，通过在池与池之间设置不同的投饵程序，使投饵机器人沿着安装在养殖池上方的轨道在各个养殖池之间进行移动投饵，实现了无人操作的自动投饵过程。对投饵机器人系统加装各种水质监测传感器装置后，还可以实现对养殖水环境进行监测，采集到的数据自动传输到中央控制系统，控制系统分析后自动对投饵程序做出一定的修正，实现了投饵过程的高精度。日本 NITTOSEIKO 公司针对深水网箱养殖开发了自动投饲系统，该系统也采用小料仓投喂的形式，将小料仓悬挂在每个深水网箱上方，通过操作控制面板和中央计算机，实现了多个小料仓进行集成控制，还可以通过手机来实现随时随地远程控制。

五、水产自动投饵机器人

水产自动投饵机器人可以根据养殖工艺要求把饵料运送至特定的养殖池

边，按特定的抛撒半径、抛撒扇面角度进行投饵操作；还可进行定量投饵和灯光诱食等操作。因投饵机器人要在养殖区、饵料库等区域自动行走和工作，自动投饵机器人必须具备自动行走定位、无线指令收发和自行充电等功能。

自动投饵机器人的生产（运行）系统由智能养殖控制室、中央饵料库、充电站、光学或磁控导航线、自动投饵机器人等组成（图4-8）。

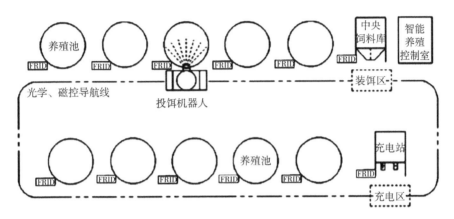

图4-8 水产自动投饵机器人的生产（运行）系统

六、自动投喂决策系统

池塘养殖品种的生长数字模型结合传感器测量的环境变化情况，确定投喂时间和投喂量，形成自动投饵策划。投喂决策系统模块是该系统的核心功能，系统实现了水质监控、生长模型和投饵系统的融合，实现精准投喂和集中控制投喂。投饵策划原理是由鱼的当前体质量和鱼生长需求确定最大投饵量，环境因素满足投饵条件时与自动投饵系统通信，控制其投饵。在18～28℃的情况下鱼类摄食所需要的ρ（DO）一般要求3mg/L以上，从养殖生产的安全性、经济性角度考虑，以水体DO为指标的淡水鱼类养殖投饵控制应为水体ρ（DO）<2mg/L时投饵机停止运行；ρ（DO）在2～5mg/L时投饵机变频运行；ρ（DO）>5mg/L时投饵机正常工作。池塘水质pH值合理范围为7.4～8.3，当超出范围时系统启动抽水机进行水质调节（图4-9）。

图 4-9 池塘投饲机

第四节 水产养殖数字化集成技术

水产养殖数字化集成技术包括水质和环境信息监控系统、水产健康养殖精细化管理决策系统、水质管理决策系统、精细喂养决策系统和疾病预防预警诊治系统等。水质及环境监测系统动态采集的各种水质和环境信息将为精细喂养决策系统与疾病预防预警诊治系统的基础决策提供基本的信息支撑，同时疾病预测、诊断系统的水产品健康信息又可作为水质及环境调控参考。水产养殖组态系统将基于 SVG 技术集成水质监控、精细喂养和疾病预警诊治系统，为集约化水产养殖场提供可视化的管理界面。

养殖环节的水产品质量追溯关键技术包括对追溯内容的确定与获取和追溯方法两方面，也即感知内容获取和追溯平台构建。其追溯主要依托传感等感知手段获取的能够反映每个对象或批次特点的并可进行封装的信息，即追溯内容，同时对这些信息的可追溯过程相关方法的描述也是追溯技术的重要部分。

追溯主要指对水产品可追溯性信息的构建，平台可以对鱼苗苗种、鱼池消毒、投饲、疾病治疗、转池等养殖信息进行记录，并在出塘时开始使用RFID，实现水产品从养殖、加工、配送到销售的全程跟踪与追溯。也可通过WSN 对循环养殖中水质参数（溶氧、温度、pH 值、盐度）和日常业务流程的记录，且通过对鱼病控制关键节点水质参数的监测减轻鱼病的发生，并实现管理者、工人与消费者之间对养殖环节的信息交互。还有通过对水产养殖产品从育苗、放养到收获、运输、销售流程的剖析，设计了水产养殖产品质量管理通用框架，实现了养殖用水、养殖生产、苗种管理、饲料投喂、药物使用等全流程、全方位的电子化管理，实现了水产养殖产品的全程信息追溯（图4-10）。

图4-10　水产数字化管理

第五章 畜禽养殖农机信息化技术

畜禽养殖农机信息化技术运用物联网、云计算、移动互联等先进信息技术，梳理整合畜牧行业基础要素体系、监管与公共服务服务体系等，实现政府监管智慧化、养殖管理精细化。智慧畜牧将面向政府提供大数据分析决策能力，助力企业精准营销、提高效率、增加收益。主要包括环境监控系统、精准饲喂控制系统、疾病诊断预警系统、数字化养殖管理系统、畜牧自动控制系统等。

健康养殖：围绕动物养殖管理中的各个环节，从个体档案管理、繁殖管理、防疫管理、日常管理、环境监控、智能预警、动物成本核算、物资管理、统计分析几个方面入手，通过信息化手段最终实现信息化与自动化相结合的智能化养殖场。

综合监管：立足于政府监管工作，从政务监管、屠宰加工监管、饲料及饲料添加剂监管、兽药监管宠物诊疗监管等方面，建立基于大数据的畜牧业综合监管平台，完善畜牧业安全监管体系，提高监管工作信息化水平，提升监管工作的工作效能和服务效率，建立责权利相统一的工作机制和管理模式。

综合统计：通过对平台大数据的基础功能管理、数据清洗管理、资源目录管理、业务模型管理、分析指标管理、分析方法管理、多维统计分析、分析结果管理、分析展现管理等的功能，实现对畜牧行业所涉及的畜禽疫病、畜禽养殖、兽药、饲料及饲料添加剂、畜产品等方方面面的数据进行汇总综合分析，助力政府实现服务的高效化、决策的精准化；助力企业规范生产、精准营销；助力公众了解产品、放心消费（图5-1）。

第一节 养殖环境智能监控技术

畜禽的生长环境直接影响畜禽的健康，尤其是封闭式的畜禽舍，光照有限，温度、湿度波动比较大，有害气体不容易散发，这些均对畜禽的生长繁殖影响比较大。因此，根据畜禽养殖环境的特点，利用畜禽养殖环境监测和

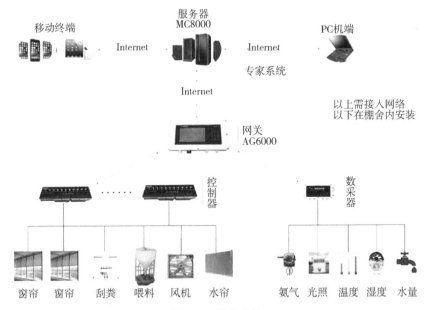

图 5-1　常见结构

控制系统对温度、湿度、有害气体浓度等主要环境参数准确和实时监测是十分有必要的，以监测数据为参考依据，对畜禽舍养殖环境进行调控，能大大提高畜禽舍管理效率。

畜禽养殖环境智能监控技术通常由可编程控制器（PLC）、网络型温湿度变送器、传感器、通讯转换模块、声光报警、计算机和系统监控软件组成。利用综合的软件监测平台，为管理人员提供实时监测数据，为及时做出相关养殖调整和制定新的规划方案提供数据支持。

根据需求，畜禽养殖环境智能监控技术可监测采集养殖场环境监控的各类参数，监测点也可以根据需求组成若干监测点的网络。软件可以设定采集数据的时间间隔，实时监测所有监测点的温度和湿度，也可以设定每路温度和湿度的上下限，同时可以通过声光报警器报警，为方便客户的监测，浏览、查询和保存历史数据（图 5-2）。

养殖环境智能监控技术能够帮助企业实现养殖环节中信息化管理，在行业中、公众面前树立良好的品牌形象，显著提高产品竞争力，并可通过管理手段提升对基地农户的管理控制水平，实现双赢和可持续发展。

在硬件方面，包括上位机软件、温湿度一体传感器、智能控制器等组成，通过总线形式或通过网络服务器无线形式将养殖场内环境温湿度数据上

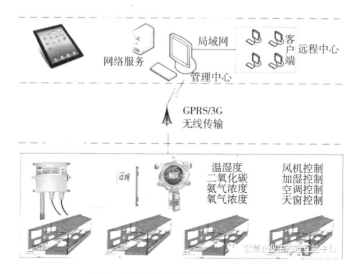

图 5-2 畜牧养殖智能监控平台架构

传到上位机，有上位机设定控制环境，从而去命令智能控制器实现对养殖场内设备的控制（图 5-3）。

智能环控网关   控制器

图 5-3 网关控制器

将根据禽舍养殖场建设具体情况，采用无线传感网、有线通信、无线通信相融合的综合组网设计。在禽舍内部采用无线传感网；有线通信性能可靠，前提投入低；无线通信覆盖范围大、后期维护方便。

第二节 精准饲喂技术

畜牧精准饲喂技术可实现差异化精准饲喂管理，针对畜禽不同生长阶段提供不同解决方案。根据各个生长阶段的营养需要制定不同的饲养标准和饲养方法，以确保牲畜的正常发育。

对于精准营养的理解，第一是动物的精准需求，简言之就是在一定的生长环境、生理状态下的一个最适宜营养。第二是精准配方，首先是做好原料数据库的基本评价；其次是改进原料的加工方式，例如将制粒过程中原料的互作性变化、原料本身淀粉糊化度的变化等作为参考因素。目前，精准营养虽然无法做到完全精准，但是可以无限贴近精准营养去做。根据自身情况去选择不同营养水平的饲料，同时将传统饲料与生物饲料结合，也是一种好的尝试。

畜牧业获取经济效益的关键是高产，而提高产量的关键就是确保奶牛的营养需求得到满足以及提高其舒适度。在有良好的基础设施和管理制度并严格执行的情况下，可以做到提高畜禽舒适度。但最大限度地满足畜禽的营养需求是一个复杂的体系。在设计日粮配方时，不但要合理、充分利用市场原料，尽量降低成本确定满足畜禽需求的科学配方；加工过程中在称重、投放、搅拌过程尽量减少误差，搅拌均匀；还必须保证尽量让畜禽采食到新鲜安全、足够的配合好的饲料；最后还要通过消化吸收情况对日粮进行评价、反馈（图5-4）。

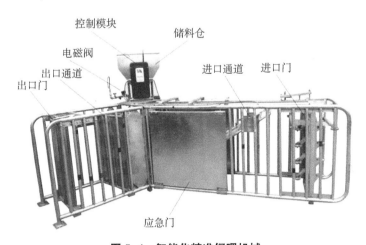

图5-4　智能化精准饲喂机械

目前，在国外尤其是欧盟国家的猪场已经在普遍使用自动化母猪饲喂系统，该系统可实现全新高效的智能化养猪模式，大群母猪在一个圈里饲养，可以做到单体母猪的精确饲喂，24h自动检测母猪是否发情，自动分离发情母猪，实现整个猪场管理的高度智能化。在母猪饲喂方面，全自动母猪饲喂系统为每头母猪备上独一无二的电子耳标，就如身份证一样，让系统进行统一的管理。在仔猪饲喂方面，根据仔猪消化功能及生长特性，设计少食多餐的饲喂模式，电脑自动下料，无须人工来回搬运，保证饲喂器及时精准下料，饲喂更专业，成长更健康。

母猪精确饲喂系统是由电脑软件系统作为控制中心，有一台或者多台饲喂器作为控制终端，有众多的读取感应传感器为电脑提供数据，同时根据母猪饲喂的科学运算公式，由电脑软件系统对数据进行运算处理，处理后指令饲喂器的机电部分来进行工作，来达到对母猪的数据管理及精确饲喂管理，这套系统又称之为母猪智能化饲喂系统、母猪智能化饲养管理系统、母猪自动化饲养管理系统、母猪自动化管理系统，主要包括：母猪自动化饲喂系统、母猪智能化分离系统，母猪智能化发情鉴定系统。

猪只佩戴电子耳标，有耳标读取设备进行读取，来判断猪只的身份，传输给计算机，同时有称重传感器传输给计算机该猪的体重，管理者设定该猪的怀孕日期及其他的基本信息，系统根据终端获取的数据（耳标号、体重）和计算机管理者设定的数据（怀孕日期）运算出该猪当天需要的进食量，然后把这个进食量分量分时间的传输给饲喂设备为该猪下料。同时系统获取猪群的其他信息来进行统计计算。为猪场管理者提供精确的数据进行公司运营分析（图5-5）。

图5-5　智能化养殖饲喂机械

第三节　数字化养殖管理技术

数字化养殖管理技术包括场区数字广播和通信系统、畜牧电子耳标管理系统、养殖场管理系统（包括数字视频监控系统）、农产品质量安全追溯系统和场区周界安全防范系统等（图5-6）。

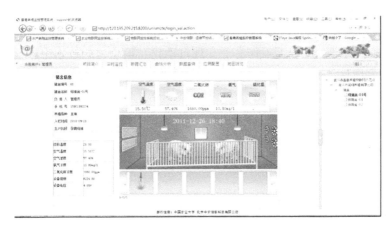

图5-6　数字化养殖管理系统

一、数字广播和通信系统

以太网数字音频广播系统（Internet Digital Broadcast Platform）简称为IDBP。该系统定位于公用广播系统，可应用于多种场合的广播。广播系统主要特点采用当今世界最广泛使用的以太网络技术，将音频信号以TCP/IP协议形式在以太网上进行传送，彻底解决了传统广播系统存在的音质不佳容易受干扰，维护管理复杂，互动性能差等问题。

同时，广播系统还采用多路定向寻址等技术实现对广播节目播出、接收的智能化管理，如：按预排节目表自动广播，选择全部、部分或特定区域进行定向分组广播，分组授权调用接收或强制接收等。突破了传统广播系统只能对全部区域进行公共广播的局限。

二、畜牧电子耳标管理系统

RFID技术无线射频识别技术，亦称电子标签，是一种非接触式的自动识别技术。RFID系统由3个基本部分组成：标签、阅读器和天线，实际应用中需要配备其他软硬件。与现今广泛应用的条形码技术相比，RFID 具有多方面的优点，如耐高温、防磁、防水、读取距离远、数据可加密和可重复使用等，而且具备防伪功能。

电子耳标基于 RFID 技术，是一种专用于动物识别和电子化管理的电子器件。它能存储和读取信息，是自动化系统与动物个体之间一个信息传递的桥梁；可以说就是动物的可被自动识别的电子身份证，人们可以方便地通过各种类型的专用阅读器对每一个动物个体进行自动识别。这样，就使得诸如个体甄别、数据统计、行踪控制、自动饲养、行为管理等等许多的动物科研、饲养、管理、调查等工作有了实现自动化、信息化的技术手段，对动物的跟踪管理能力会大为提高。并且在牲畜被屠宰之后还可以回收使用（图 5-7，图 5-8）。

图 5-7　电子耳标

图 5-8　牛耳标及信息化终端设备

三、养殖场管理系统

养殖场管理系统是一套专门针对于现代化养殖场开发的管理软件，适用于大中小型养殖。该软件包含基础数据、种畜管理、生畜管理、采购管理、库存管理和收支管理（图 5-9，图 5-10）。

（1）基础数据主要包括品种资料、饲料名称设置、疫苗保健设置、客户资料和场内圈舍设置。

（2）种畜管理主要包括种母畜资料、种公畜资料、公畜配种登记、母畜产仔提醒、种畜销售登记、种畜栏存情况、种畜转栏登记和种畜死亡登记。

（3）生畜管理主要包括母畜繁殖登记、仔畜断奶登记、生畜存栏登记、生畜转栏登记、生畜死亡登记、生畜销售登记、母畜繁殖期间查询统计、生畜销售期间查询统计、生畜死亡期间查询统计、生畜转栏期间查询统计和生

畜盈利期间查询。

（4）采购管理主要包括饲料入库、药品入库、饲料出库、药品出库、饲料退库、药品退库、药品出库期间查询统计和饲料出库期间查询统计。

（5）库存管理主要包括饲料库存明细、药品库存明细和药品失效提醒。

（6）收支管理主要包括其他收入登记、支出登记和期间收入支出查询。

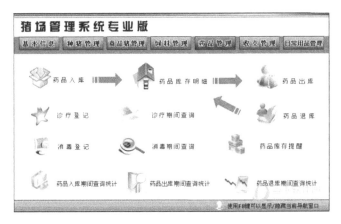

图 5-9　猪场信息化管理系统

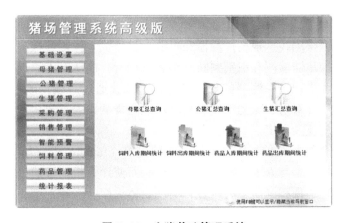

图 5-10　生猪养殖管理系统

四、数字视频监控系统

视频监控系统是在养殖场的所有生产作业区域内安装数字视频监控设备，实现养殖场区内部生产作业过程全方位、无间隔的视频监控；并且在各养殖棚等重要养殖区域安装动态监控设备，实现这些区域内实时无缝隙的视频监控系统。该系统不仅用于养殖场内部的生产管理监控，还可实现实时动态视频参观效果以及达到质量安全追溯的目的。

五、农产品质量安全追溯系统

产品质量安全追溯机制，是近来国家加强对产品质量监管机制的一项重要措施和手段，建立一套严密、精确的质量安全追溯系统也是养殖场必须要进行的一项重要措施。

产品质量安全追溯系统主要采用三个层次结构：网络资源系统、公用服务系统和应用服务系统。网络资源系统是将养殖场内部的电子耳标系统中建立的各牲畜的养殖资料通过互联网查询，即可以由消费终端通过公用服务系统进行查询，也可以实现与下游加工企业的数字化管理平台或质量追踪系统接口，实现最终的完整的产品质量追溯链条，真正意义上实现产品质量安全的追溯，再结合养殖数字视频监控系统的监控录像资料，达到效果最大化。

六、场区周界安全防范系统

养殖场周界安全防范系统由静电感应电缆和智能视频监控两部分组成。

（1）静电感应电缆。静电感应电缆是一种全新概念的周界安防探测器，工作原理：由探测线、现场探测器和报警主机组成。探测线探测人体接近信号，经现场探测器检测和识别判断是否有人靠近，确认有人靠近则发出报警信号。主机收集现场探测器的报警信号，显示或通过总线传给控制室主机。感应电缆比红外对射、振动电缆、泄漏电缆之类的报警器灵敏度高、工作可靠，更能适应复杂环境。

（2）智能视频监控（IVS）。智能视频监控（Intelligent Video System）是采用视频监控技术与人工智能技术相结合从而使计算机能够通过数字图像处理和分析来理解视频画面中的内容，实现物体追踪、人物面部识别、车辆识别、非法滞留和非法入侵等原来由安全人员手工完成的工作。不仅大大降低了安全人员的工作强度，而且能够更为准确和及时的实现安全防范的目的（图5-11）。

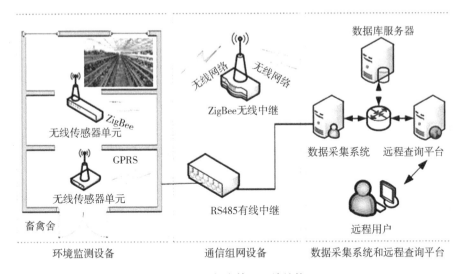

图 5-11　数字管理系统结构

第四节　生猪发情及管理信息化技术

发情鉴定技术可自动检测到猪舍内的母猪是否已进入发情期，并及时将数据反馈给电脑，当被判断已进入发情期的母猪采食完毕进入通道时，自动分离器将会给母猪喷上颜色，分离该头母猪进入小圈，等待配种。更准确掌握母猪的发情期，增加母猪产子窝数，提高产量；电脑代替传统人工判断，更及时准确、节约成本。

自动分离技术可根据识别的体温参数、日常采食情况和发情鉴定系统的检测结果等猪只异常报告，通过自动喷墨记忆将病猪、发情母猪、妊娠母猪、临产母猪、需要免疫接种的母猪、耳标缺失的母猪等分离出来，以便人工及时采取相应处理措施。

远程管理系统通过系统软件模块、传感器及互联网可实现远程视频察看猪只当前活动状态、远程诊断和远程分析。猪场 ERP 管理软件技术不仅自动记录每头猪的日常采食、防疫、发情、育苗、买卖等信息，还提供整个猪场的财务管理及"进、销、存"管理，使猪场的管理一步到位。

第六章　农机购置补贴信息化技术

第一节　北京农机购置补贴介绍

　　农机购置补贴，是党中央、国务院为加强农业和粮食生产采取的重大措施，对推进农业机械化进程，提高农业综合生产能力，促进农业增产增效、农民节本增收具有重大意义。

　　北京市农机购置补贴工作自 2005 年起开始实施，15 年来，北京市用于农机购置补贴的资金 15 亿多元，直接受益农户 10 万余户。装备数量和质量的提高带动全市农业各产业机械化水平快速提升，全市主要农作物耕种收综合机械化水平已达 91.2%，居全国领先水平，根据 2007—2016 年统计数据分析，农业机械化对农业产出贡献率为 17.53%，农业机械化水平每提高 1个百分点，农民人均可支配收入相应增加 330.56 元，增收效果显著。

　　2018 年开始，北京市农机购置补贴从"政府采购、集中发放"的方式，改为"自主购机、定额补贴、先购后补、区级结算、直补到卡（户）"的方式。在全市实施补贴机具投档信息化、补贴机具物联网监管、农机购置补贴信息化辅助管理，实现全程信息化。从而优化操作流程、提升管理服务水平，不断提升公众满意度和政策实现度。

第二节　企业投档操作流程

　　北京采取网上投档的方式，各有关企业登录网址"http：//td.sxwhkj.com/"进行注册，上传承诺书，按照系统内提示及相关要求填报相关信息，并上传相关材料。

　　投档系统长期开放，各生产企业可随时登录系统投档（图 6-1）。

　　注意事项：

　　（1）投档的企业须是农机生产企业，产品经销商不能参与投档。

　　（2）在暂停期内、取消补贴资格的、国家质检产品抽查质量不合格的产品不得投档。

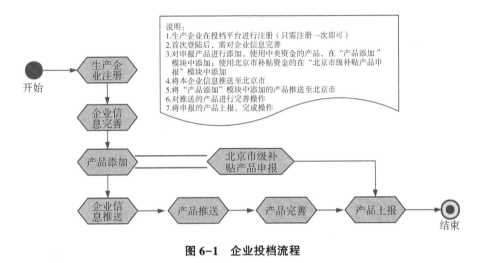

图 6-1　企业投档流程

第三节　购机者操作流程

1. 申请补贴的条件

（1）本市从事农业生产的个人和农业生产经营组织。

（2）外省市的个人和农业生产经营组织在北京市实际从事农业生产的也可以申请。

（3）本市的"国家或市级农业产业化重点龙头企业"购买的固定安装类补贴机具，需在外省市自有基地使用的，可以申请补贴。

2. 申请补贴的流程

购机者可通过手机 App 或向户籍所在地、农业生产经营组织注册登记地或实际从事农业生产经营所在地的农机主管部门提出购机补贴申请（图 6-2）。

3. 北京市办理农机购置补贴的过程步骤

提交资料、审核、机具核验、复核/签字、公示、补贴到账（图 6-3）。

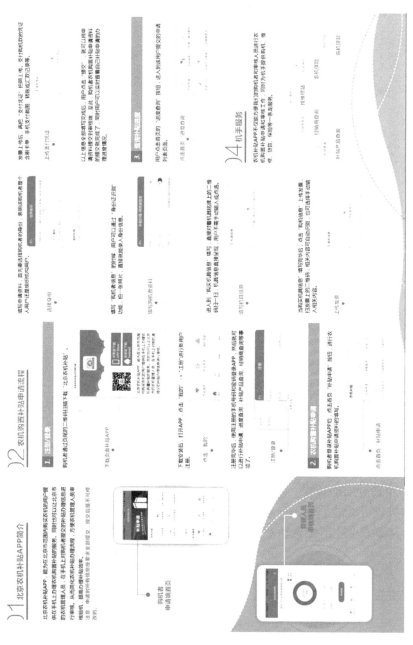

图6-2 农机购置补贴流程

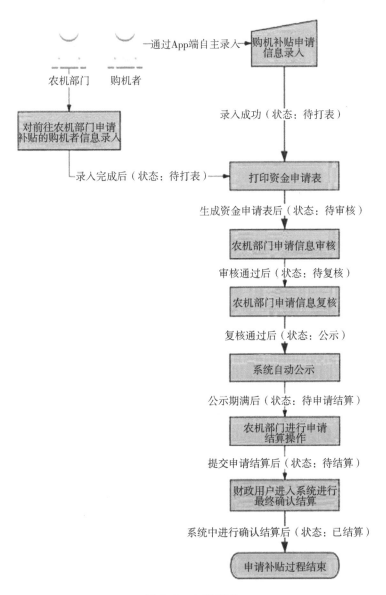

图 6-3　办理流程

第七章　典型应用案例

第一节　北京市智能设施农业示范园区案例

2017 年，北京市农作物播种面积 12.6 万 hm^2，其中设施农业播种面积 3.6 万 hm^2，占比 28.6%，设施农业总收入 54.5 亿元，占农业总产值 42.0%，设施农业产业占京郊农业重要地位。北京市都市现代农业发展规划提出，十三五期间，北京农业将形成 70 万亩菜田、80 万亩粮田的农业新格局，设施农业在北京农业中地位更加重要。

北京市设施农业包括连栋温室、日光温室、大棚和小拱棚等形式，冬季以日光温室生产为主，以蔬菜为主要作物，为北京市冬季蔬菜供应提供重要保障。但由于生产环境和农艺限制，北京市设施农业整体机械化水平仅为 36.8%，远低于粮经等产业，劳动力缺乏、对管理智能化设备需求较大等难题日益凸显。

近几年，北京市农业农村局、中国农业大学和北京农林科学院等科研院所联合农机装备生产企业、各区农机推广站、农业生产园区，围绕农业物联网、水肥一体化技术等开展了大量的试验示范工作，成效显著。北京市农机鉴定推广站联合密云区农机推广站在密云区建设了北京市智能设施农业示范园区，集成配套 10 余种智能化、信息化技术，通过试验示范和宣传等方式，推动了设施农业农机智能化技术在北京市的推广应用。

一、建设架构

北京市智能设施农业园区规划占地 280 亩，现有日光温室和冷棚 81 栋，其中重点配套建设 10 栋新型日光温室。新型日光温室长 130m，宽 13m，下沉 1.2m，单栋面积 2.5 亩，是普通日光温室的 3 倍。智能设施农业园区建设包括设施物联网系统、环境调控机构、水肥一体化系统、生产监控系统和综合远程管理云平台五大模块（图 7-1）。

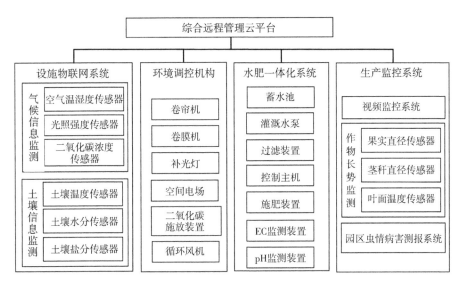

图 7-1 智能设施农业园区建设架构

（一）设施农业物联网

1. 气候信息监测

设施农业气候环境主要监测空气温度、空气湿度、光照度和二氧化碳浓度三个参数。空气温度过高和过低都会导致作物不可逆转的物理伤害，造成作物减产甚至死亡。空气温度的监测可用来指导是否需要加温干预，空气湿度过高容易产生病虫害，光照度和二氧化碳过低容易造成作物光合作用不足，造成生长缓慢和减产。具体参数介绍见表 1。

2. 土壤信息监测

设施农业土壤环境主要监测土壤温度、土壤湿度和土壤盐分三个参数。土壤温度和空气温度息息相关，灌溉会导致土壤温度下降，因此冬季土壤温度较低时，不适宜灌溉，通过监测土壤温度可指导灌溉管理；土壤湿度是灌溉的主要指标，特别是果类蔬菜对水的需求较大，土壤湿度的监测用来保障及时灌溉；土壤盐分的监测和数据分析可以反映出土壤肥料的多少，用来指导施肥。具体参数介绍见表 7-1。

表 7-1 设施农业物联网监测参数介绍（原表见附件 2）

监测参数	监测范围	监测精度	分辨率	特点
空气温度	−20~70℃	±0.5℃	0.1℃	稳定、成本低

监测参数	监测范围	监测精度	分辨率	特点
空气湿度	0~100%RH	±3%RH	0.1%RH	稳定、成本低
光照度	0~65 535Lux	±7%	1Lux	稳定、成本较高
二氧化碳浓度	0~2 000mg/kg	±（50mg/kg+测量值×3%）	1mg/kg	需要定期校准
土壤温度	−20~70℃	±0.5℃	0.1℃	稳定、成本低
土壤湿度	0~100%	±2%	0.1%	稳定、成本较高
土壤盐分	0~20ms/cm	±2%FS	0.01ms/cm	较少应用

（二）环境调控机构

设施农业中，空气温度和土壤湿度是最重要的调控参数，其次，空气湿度、光照度、二氧化碳浓度也对蔬菜产量、病虫害和品质有巨大影响。围绕这些参数，产生了众多环境调控机构设备，应用较为广泛的环境调控设备包括卷帘机、卷膜器、水肥管理设备。

卷帘机、卷膜器通过控制器控制上卷、下卷和暂停。卷帘机通常在早晨太阳升起温度上升后打开，在傍晚温度下降后关闭，保证温室内温度。卷膜器在中午温度较高时打开，通风降温，防止高温对蔬菜造成伤害，并适当降低湿度，在下午温度下降后关闭，防止温度过低；补光灯主要在特殊天气或者关键时期应用，保障蔬菜生产，京郊冬季连日阴天会造成蔬菜停止生长甚至死亡，在元旦、春节等关键收获时期，适当的补光可有效提高蔬菜产量，提前上市时间。空间电场可消除部分雾气，降低空气湿度，将空气中部分水分进入土壤，提高土壤湿度，雾气降低后，提升光照效果，提高温室空气温度，并可通过电场促进蔬菜光合作用，促进生长和降低病虫害；二氧化碳施放装置可以在光照较好、光合作用较旺盛的时候，提高二氧化碳浓度，从而促进蔬菜生长，提高产量；循环风机可以提高温室内不同位置温湿度均匀性，加快降温和除湿。调控机构与调控参数具体见表7-2。

表7-2　设施调控机构与调控参数介绍（原表见附件2）

调控机构	调控参数	应用情况
卷帘机	空气温度、光照度	应用普遍
卷膜器	空气湿度、空气温度	应用普遍
补光灯	光照度、空气温度	成本较高、普及率较高

（续表）

调控机构	调控参数	应用情况
空间电场	空气湿度、促生长、降低病害	效果不明显、普及率低
二氧化碳施放装置	二氧化碳浓度	成本较高、较少应用
循环风机	空气温度、空气湿度	普及较低

空气温度是影响蔬菜生长、产量和经济效益关键参数，其他调控空气温度的设备还有加温灯、电加热设备、增温水循环系统、湿帘风机设备等，通过在夜晚设施温度较低的时候，防止冻害发生，促进蔬菜生产，较高的温度，也可缩短蔬菜生产期，早日上市，产生较高经济效益。

（三）水肥一体化系统

针对园区 10 栋日光温室的灌溉施肥需求，规划设计了统一的水肥一体化系统，实现园区水肥统一管理、精准灌溉施肥的目标。水肥一体化系统包括蓄水装置、水泵装置、过滤装置、水肥控制主机、施肥装置、管道和远程管理平台。在第一栋温室耳房设置水肥管理室，房间长 8m，宽 5m，高 3m，正下方为蓄水池，房间内按次序放置水泵装置、过滤装置、水肥控制主机、施肥装置。

蓄水装置采用蓄水池形式，设计蓄水量 120m³。园区水井距离比较远，蓄水池保证灌溉水压稳定，并大幅度减少灌溉地下水中的杂质，蓄水池沉淀杂志定时清除；水泵装置为灌溉施肥主要动力，采用变频水泵，生产人员可根据灌溉温室数量、出水量需求，通过控制器调整出水量和水压；过滤装置采用砂石过滤器和叠片过滤器进行串联两级过滤，砂石过滤器对较大杂质进行过滤，叠片过滤器对细微杂质进行过滤，利用反冲洗功能定时清除过滤器杂质。并通过单独管道排出，两级过滤可防止砂石杂质在主管道和温室支管道里沉淀，防止杂质堵塞滴灌带、微喷带，造成灌溉施肥不均匀问题，也减少了地下主管道中杂质沉淀，造成清理不便；水肥控制主机是水肥一体化系统的核心。操作界面较为鉴定，可直接点击屏幕打开对应温室的灌溉电磁阀和施肥泵。可设置不同灌溉程序，可设置灌溉日期，灌溉时间段，施肥时间段，设备会在设置好的时间段内进行灌溉和施肥，操作非常简便；施肥装置由施肥泵、pH 值和 EC 监测仪、搅拌器和三路施肥通道组成。每路施肥可配比不同肥料，独立的控制，单个施肥桶容量为 500L，最快 2.5min 可抽净。通过主管道内安装的 pH 值和 EC 传感器，可实时监测配肥情况；远程管理平台包括管理云平台和手机 App。生产人员用电脑或者用手机便可实现温室灌溉施肥，平台历史生产数据可作为管理调整依据。水肥一体化技术组成装置参数见表 7-3。

表 7-3　水肥一体化技术组成装置参数（原表见附件 2）

装置或组成	具体描述	参数	作用
蓄水装置	蓄水池，泵房下面，具有沉淀泥沙作业	长 8m，宽 5m，高 3.5m，蓄水量 120m³	保障灌溉水压稳定，减少管道泥沙含量
水泵装置	变频水泵，可调节出水量	离心泵功率：11kW，扬程 44m，流量：47m³/h	提供灌溉动力，可调整出水量和水压
过滤装置	两级过滤，包括砂石过滤器和叠片过滤器	配有反冲洗功能	防止管道中杂质沉淀，堵塞滴灌带、微喷带
水肥控制主机	操作控制平台，配套电磁流量计	电磁流量计量程：14～140 m³/h；远传压力表量程：0～1.6 Mpa	可设置 16 种灌溉程序、灌溉日期、灌溉时间段、施肥时间段
施肥装置	包括施肥泵、pH 值和 EC 监测仪、搅拌器和三路注肥通道	注肥泵功率 3kW，扬程 450m，流量 12m³/h，摆线针轮搅拌机，功率：0.75W，单只肥桶容量：500L	肥料搅拌、肥料监测及将肥料注入主管道
管道	包括温室外主管道，温室内支管道以及垄上滴灌带或者微喷带	主管道直径为 110m，深度地下 1m，温室内支管道直径为 63mm，滴灌带、微喷带直径 10mm	输送水肥
远程管理平台	包括管理云平台、手机 App	可远程控制设置灌溉、施肥及查询相关数据	远程控制灌溉或施肥

（四）生产监控系统

1. 视频监控系统

视频监控系统采用球机，可以远程调整拍摄角度和焦距。一是可实时查看蔬菜等作物的长势和病虫害情况，有助于开展实时远程病虫害诊断，并留下不同时期视频和图像资料；二是可查看卷被机、卷帘机、补光灯等设备的运行状态，辅助开展远程环境调控，防止操作异常造成损失。

2. 园区虫情病害测报系统

园区虫情病害测报系统包括孢子捕捉装置和虫情测报装置，均采用远程拍照形式，并配套远程云平台和手机 App，及时预防农业病害发生。孢子捕捉装置通过光学放大显微镜，定时拍摄高清孢子图片，实现实时监测园区空气中病菌孢子浓度。虫情测报装置通过诱虫灯引诱害虫，具有杀虫仓和烘干仓，定时将高清图像传输到远程云平台，为管理人员提供决策参考，此外设备可以定期自动清除害虫尸体。园区虫情病害测报系统实现全程自动化，不需要人工现场操作。

3. 作物长势监测系统

作物长势监测系统采用高精度传感器，通过果实、茎秆和叶面温度细微变化的监测采集和数据分析，可预测作物短时间内和不同生长期长势趋势，也能反映出环境调控、水肥管理。生产监控系统及参数介绍见表 7-4。

表 7-4　生产监控系统及参数介绍（原表见附件 2）

系统名称	描述	技术参数	功能
视频监控系统	可远程控制球机及硬盘录像机	200W 像素；红外距离 240m；水平方向 360°旋转，垂直方向（-15~90）°；云台控制	远程视频监控设施内蔬菜生长、设备运行状况，并保存相关视频
园区虫情病害测报系统	远程拍照式孢子捕捉装置	无线传输；气体采样流量 120L/min. 集时间（1~160）mim 可设置，载玻片规格 5.2cm×0.7cm	套远程云平台，便捷查看园区农业病菌孢子浓度、害虫数量，及时预防农业病害发生
	远程拍照式虫情测报装置	太阳能供电、远程控制：20W 幼虫光源，主波长 365m；1 200 工业相机，3 块撞击屏夹角 120 度	
作物长势监测系统	茎秆直径微变化	茎秆直径：量程 5~70mm，分辨率 0.001mm	通过果实、茎秆、叶面温度的监测数据分析，预测作物不同生长期长势趋势
	果实直径微变化	果实直径：15~90mm，分辨率 0.001mm	
	叶面温度	叶温：0~50mm，分辨率 0.01℃	

（五）综合远程管理云平台

远程管理云平台建设是实现园区不同自动化、智能化设备统一管理、互相支持的基础，按照功能划分，主要包括数据查询展示、设备控制和数据处理功能。数据查询展示功能：通过数据、图像和视频资料多种介质形式，便捷查询实时环境信息、作物长势信息、设备运行状态、病虫害预报情况；设备控制功能：通过云平台可控制设施内各环境调控设备和水肥管理设备，实现远程操作，降低劳动强度，提高工作效率；数据处理功能：云平台实现大数据存储功能，可存储环境信息、视频图像、设备操控记录等众多信息，为数据查询、数据处理和手机 App 控制提供保障。远程管理云平台控制界面见图 7-2。

图 7-2　远程管理云平台控制界面

二、设施农业智能化发展思考

设施农业智能化仍处于探索阶段。设施农业智能化技术应用比例较小，处于试验示范阶段。一是技术设备可供选择的产品少，成本高，宣传推广较少，农户对新型智能化技术不了解、不认可、不敢买；二是技术设备与实际生产需要存在差距，操作要求高、故障率高、使用寿命短以及售后维护不及时，导致经济效益不够显著；三是政策机制不健全，对智能化技术扶持力度不够，农机智能装备作业和购置补贴缺乏政策配套，阻碍了智能化技术的推广应用。

设施农业智能化发展趋势较好。设施农业由于环境封闭易调控、单位面积产值高等特点，更适宜农机智能化技术应用。一是随着技术推广应用和迭代更新，稳定性、操作性不断完善，能更好为农业生产服务。二是各级政策对农机智能化更加重视，购置补贴政策逐步完善，试验示范逐步增多，促进机械化向智能化发展。三是园区对智能化技术认可度逐渐增高，劳务人员短缺、市场竞争将加剧，倒逼园区负责人员改进管理方式，引进新技术提升生产机械化、智能化水平。

第二节　北京市智能水肥一体化示范案例

近几年，北京市农业机械试验鉴定推广站和昌平区、密云区等农机部门，结合近几年广泛调研，以切实解决农业园区需求为导向，联合引进了多种型号智能水肥一体化技术，应用示范取得了良好效果。

一、适用单栋日光温室的小型智能水肥一体化技术

安装地点：北京市农作物品种试验展示基地（昌平，图7-3~图7-6）

技术特点：

（1）整套设备成本较低，在1万元左右。

（2）每套设备可覆盖1栋日光温室，最多有四路控制。

（3）设备操作简单，旋钮操作可设置10min、20min、30min、40min、50min、60min灌溉时间段。

（4）屏幕操作可实现分区灌溉、灌溉时间段设置、灌溉水肥开关设置和数据查询等功能。

技术参数如下。

设备功率：1.5kW；

工作电压：380V；

额定流量：$4m^3/h$；

吸肥流量：600L/h；

肥料桶容积：100L。

图7-3　设备全景

图7-4　设备主机

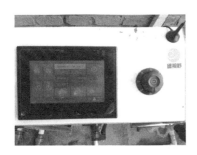

图7-5　控制界面

图7-6　作物长势

二、适用樱桃园等林果园区的智能水肥一体化技术

安装地点：北京伊田谷樱桃种植园区（图7-7、图7-8）

技术特点：

（1）覆盖樱桃园面积150亩；

（2）可分区灌溉，最多分32个区；

（3）具有肥桶注入、肥料搅拌功能；

（4）具有手动、自动功能，具有定时灌溉施肥功能；

（5）实时监测水流量、肥水比例等数据；

（6）配有普通滴灌、小管出流、雾化喷淋和滴箭等多种方式。

技术参数：

设备功率：2kW；

工作电压：380V；

施肥机额定功率：1.1kW；

注肥额定流量：4m³/h；

肥料桶容积：2 000L；

图7-7 设备全景

图7-8 配套气象站

三、适用规模化设施园区的大型智能水肥一体化技术

安装地点：昌平区万德草莓庄园（图7-9、图7-10）

技术特点：

（1）覆盖23栋日光温室，最多可控制32路；

（2）具有三通道施肥装置，可配置不同肥料；

（3）可分区灌溉，同时多栋温室同时灌溉；

（4）具有自动化灌溉和施肥功能，可现场或远程控制。

技术参数：

设备功率：2kW；

工作电压：380V；

施肥机额定功率：1.1kW；

单通道吸肥额定流量：250L/h；

单个肥料桶容积：300L；

蓄水桶容积：5 000L。

图7-9　设备全景

图7-10　储水桶及部分配件

第三节　设施固液混合水肥技术示范案例

设施蔬菜生产中，水肥管理是耗费人工最大的环节之一，对作物品质、产量也有较大影响。针对北京市设施蔬菜生产园区对水肥管理装备技术的需求，引进建设了固液混合水肥管理系统，实现了水肥管理调控的自动化、数据化和精准化，提高了园区生产劳动效率。

固液混合水肥管理系统由北京市农机鉴定推广站、昌平区农机推广站以和冀雨科技公司共同建设，其中主机型号为 FERTISPARKⅢ，由冀雨科技研发。该系统配套远程管理云平台和手机 App，可现场或者远程对系统进行设置，实现精准配肥和定时定量灌溉施肥，并实时统计灌溉施肥相关数据。

一、固液混合水肥管理系统的特点及优势

园区曾采用的文丘里吸肥器灌溉施肥，利用水流压差将肥料桶内肥料吸入管道，不需要机械化动力，虽然成本较低，但是水压损失大，不适宜大面

积灌溉施肥，肥料均匀性和可控性较差，生产方式落后，工作效率和工作舒适性低，不适宜基质栽培等要求较高的现代农业生产方式。

固液混合水肥管理系统的特点和优势主要体现在以下方面。

提高劳动生产力。系统通过现场或者远程设置，可提前设置多个时间段，进行定时定量灌溉或施肥，不再需要人工前往现场开关水阀和查看灌溉情况。系统配套了容纳液体水溶肥和固体水溶肥两种肥料的容器及吸肥装置，可满足园区不同的需求或不同肥料配合施用，不再需要人工频繁取肥、倒肥和搅拌等工作，自动化管理设备大幅度减少了人工往返和操作时间，提高了劳动生产率和劳动舒适度。

实现农业大数据积累。系统配套了流量监测、水肥称重等装置，通过称重形式对水、肥分别称重，实现精准配比，实现生产期间全部灌溉量、施肥量、灌溉施肥时间等数据的统计，并存储在远程管理云平台。通过对积累数据的研究，可优化水肥管理措施，减少经验不足或更换管理人员对生产的影响。

二、固液混合水肥管理系统的构架

固液混合水肥管理系统主要包括灌溉水源供给、灌溉施肥控制、灌溉生产区三大部分（图7-11）。

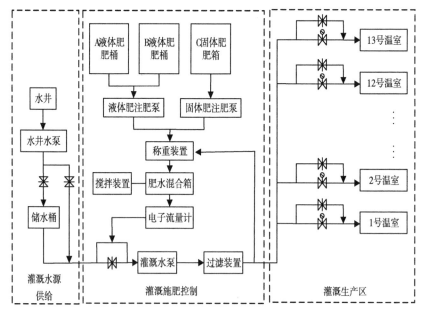

图7-11 固液混合水肥管理系统建设架构

　　灌溉水源供给。灌溉水源供给部分包括泵房、水井、水井水泵和储水桶。泵房建设在水井上部，水井水泵功率为 1.75kW，扬程为 15m，用于往储水桶注水，通常不用于直接灌溉供水。储水桶容量 5 000L，放置在泵房上部，中心距离地面高度 3.5m，可利用水源重力对园区进行灌溉。园区灌溉管道与园区生活用水管道相通，通过阀门进行控制关闭，在水井水源故障时应急使用。

　　灌溉施肥主要设备。灌溉施肥控制部分包括灌溉增压水泵、过滤器、肥料容纳装置和施肥主机，均安装在温室耳房内，由专人操作（图 7-12、图 7-13）。增压水泵为灌溉提供主要动力，额定功率 1.1kW，扬程 12.5m，最大流量 12.5m³/h，当灌溉面积较大时，可提高灌溉水压力。过滤器采用小型叠片过滤器，并配有反冲洗功能，可定期清除沉积杂质，体积较小，过滤水中杂质，防止杂质在管道中沉积，堵塞滴灌带和微喷带，由于园区地下水泥沙较少，可以满足园区需求。目前京郊水肥一体化使用的肥料主要为粉状水溶肥和液体水溶肥，常见肥料容器为肥料桶，人工加入肥料后，搅拌待用，本系统中肥料容纳装置包括液体肥桶和固体肥箱，液体肥肥桶设置 2个，容量均为 250L，固体肥桶可盛放固体水溶肥，通过各自配套吸肥泵吸肥。施肥主机内包括液体肥吸肥泵、固体肥吸肥泵、称重装置、肥水混合桶、搅拌电机、肥料泵和电磁流量计等部件。液体肥吸肥泵吸程 3m，流量 0.5m³/h，固体肥吸肥泵额定功率 1.75kW，可容纳 100kg 固体肥料，称重装置可对肥料和水分别称重，并放入肥水混合桶，搅拌电机将肥水搅拌均匀后，由肥料泵注入灌溉主管道，电磁流量计用于监测水肥流量，量程为 0.4~14m³/h。

水肥控制主机过滤装置、水泵及部分管道设计　　固体肥箱及液体肥桶

图 7-12　设备硬件

图 7-13 部分操作界面

灌溉生产区。灌溉生产区主要包括灌溉管道、电动球阀和滴灌带或微喷带等，电动球阀采用远程控制形式，可控制灌溉的通断，额定功率为 3W，每栋温室安装 1 个，并联设置手动阀门，在设备出现故障时应急（图 7-14）。

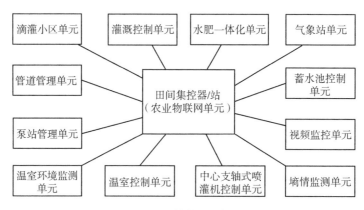

图 7-14 整体规划框架

三、园区应用案例分析

设备安装地点为北京市昌平区蓝天绿都设施农业园区，位于 40°19′N，116°16′E，年平均气温 11.8℃，冬季最低气温可达-10℃以下，系统拟覆盖范围为 13 栋日光温室，单栋日光温室面积 600m²，种植蔬菜主要为越冬果菜和叶菜。

该系统建设总成本 14 万元，覆盖温室 13 栋，每年维修维护及用电费用按照系统成本 2%计算，预计使用寿命 10 年，忽略残值，每亩设施蔬菜水肥管理每年系统成本 1 436 元。以园区温室草莓生产为例，9 月初定植，5 月中旬拉秧，生长期 8.5 个月，需要灌溉 58 次，每次灌溉时间平均 30min，系统操作时间 5min，灌溉用水量 119m³，施用水溶肥 132kg。相比传统灌溉方式，每栋温室每次灌溉施肥节约时间 1h，按每天工作 8h，每天人工成本 150 元计算，每亩可节省人工成本 1 087 元；在水肥成本方面，节肥 10%，每亩节省化肥成本 192 元，节水 20%以上，灌溉用水为地下水，暂时不需要缴纳费用；在产量方面，平均增产 10%以上，按照每栋温室平均产值 2 万元计算，每亩提高销售收入 2 223 元；综上，每年每亩设施蔬菜提高经济效益 2 066 元，因此，固液混合施肥系统的建设在技术上和经济上均有可行性。

此外，系统建设完成后，组织北京市多个区农机推广部门和设施蔬菜园区技术人员进行了现场参观和技术培训，普及自动化水肥管理技术，获得了认可，为下一步技术的普及奠定了基础。

四、实践思考

1. 系统建设注意要点

水源供给设计。水源供给是实现水肥管理的基础，水源供给需要重点解决的问题是水源杂质过滤和保障水量和水压稳定性。北京市设施农业中灌溉用水主要采用地下水，水中杂质较多，而灌溉主管道沉积杂质后较难清理，另设施农业采用的滴灌带、微喷带对水质要求较高，杂质会造成堵塞，严重影响灌溉。目前，常用措施一是将地下水用大功率水泵抽取到蓄水池或储水桶内，再作为水源进行灌溉，可减少杂质，稳定水源；二是采用砂石过滤器、叠片过滤器多级过滤，并配有反冲洗功能，并定时清洗沉积杂质。

防冻设计。北京市设施农业以越冬蔬菜生产为主，保障在元旦和春节前后上市，获取较高经济效益。冬季温度较低时会造成管道冻裂等问题，因此水肥管理系统需要采取防冻措施。温室外部主管道尽量埋在距离地面 1m 以下，并采用保护套包裹；储水桶或者输水管道尽量设置在温室生产区内，设置在耳房内的管道需要在用完之后，将水排尽或者增加增温设备，防止温度过低造成管道冻裂。

维修维护服务。水肥管理装备技术应用大量电子和计算机技术实现数据监测和自动化控制，由于设施农业生产环境较为恶劣，电磁阀、主机等零部件容易损坏，因此，设施农业园区在建设水肥管理系统前，需要注意企业服务和设备的选型，一是要确认在设备出现故障时，企业能及时前往园区维修，最好在当地驻有维修人员；二是企业能保障设备后续服务，每年定时检修，及时为园区进行设备硬件、软件的升级服务，并确认后续服务费用承担问题。

2. 多措并举，加快技术推广普及

降低前期投入，提高技术经济性。一是加强农机购置补贴政策扶持，前期

经济投入大，经济效益不显著，而生态效益难以衡量，导致园区引进先进技术意愿不强。农机部门要做好技术选型，将适用当地农业发展的技术设备纳入农机购置补贴，降低农户投入，推动技术的普及；二是加强低成本的小型水肥设备选型和推广，针对当前时期以小农户生产为主、多种规模生产并存的复杂现状，要引导企业生产多种场景的水肥管理装备技术，除生产满足规模化园区需求的大型水肥管理技术外，也要注重投入成本较低的小型化水肥管理技术。

降低操作复杂，提高技术适用性。一是水肥管理系统建设要与园区现状紧密结合，不同园区在水源、管理模式等方面差异较大，要做好设计，加强技术与生产结合；二是要减少设备复杂操作，多采用"傻瓜式"操作，目前，京郊园区设施农业就业人员年龄普遍较大，文化水平较低，对新型技术普遍有抵触心理，通过简易的操作显著提高劳动效率，较容易获得生产人员的认可；三是加强多部门合作，促进技术设备迭代更新。农机部门要发挥桥梁作用，充分利用生产企业的技术优势和农艺园区的生产经验，促进农机农艺融合，促进机械化信息化融合，探索"农机部门+农机企业+农业园区"的试验和推广新模式，推动技术对生产中的适用性。

3. 前景分析

目前，欧美发达国家设施蔬菜生产已经普遍应用了自动化的水肥管理系统，实现了水肥的精准管理，虽然我国设施蔬菜水肥管理整体自动化水平相对较低，但是生产厂家、设备型号逐渐增多，技术迭代更新加速，适用性逐步完善。随着社会发展，人工成本不断升高，市场对蔬菜品质和安全的要求不断提高，设施蔬菜园区对降低生产成本的需求，均推动了设施蔬菜生产中自动化水肥管理系统的应用。基于水肥一体化技术的固液混合水肥管理系统除带来可观的经济效益外，生态效益和社会效益同样不可忽视。节水、节肥有助于推动循环农业、生态农业的发展，劳动强度的降低和劳动环境的改善有助于解决目前设施农业存在的招工难的问题。因此，水肥管理系统对推动设施蔬菜产业的发展具有重要意义。

第四节　建三江信息化建设案例

一、基本情况

享有"中国绿色米都"称号的北大荒农垦集团总公司建三江分公司（农垦建三江管理局），地处黑龙江、乌苏里江、松花江冲积而成的三江平原腹地，辖区总面积 12 400km²，现有 15 个大中型国有农场（农场有限公司），耕地面积 1 141 万亩，人口 22 万人。党的十八大以来，建三江着力发展生态农业、数字农业、智慧农业；率先建起一千公里科技示范带、16 个农业科技园区；中国科学院院士张启发、中国工程院院士陈温福为全局的农业现代化建设提供科技支撑和服务。全局农业科技贡献率达到 68%，科技成果转化率达到 82%。全国水稻栽培首席专家凌启鸿称赞建三江"创寒地稻作之最"。

习近平总书记视察建三江时做出重要指示，要为现代农业插上科技的翅膀，省委全会也提出了农业强省，推动高质量发展的总体要求。作为全国重要的商品粮基地，一年时间以来，建三江管理局率先尝试将"智慧"引入水稻生产作业过程，极大地提升了该局整体水稻科技应用水平。

在这个管理局的科技园区，来自东北农业大学的讲师和教授对这五十余名种植户进行农业全过程无人作业方面的科技培训。自从习总书记来到建三江以后，这片大地上的种植户对科技异常的敏感，举行各类高精尖端的科技培训成为了常态。现场大部分种植户都亲眼目睹过水田无人农机作业的场景，种植户们听说过无人驾驶的汽车，还未听说过无人驾驶的农机，这些农机依靠卫星定位，保证作业的高精度，秧苗插得横平竖直，接行接垄严丝合缝，精度在正负 2.5cm，大大提高了土地利用率，无人化农业近在眼前，水稻种植户们当然要接受新鲜事物，紧跟时代潮流。

引进全过程无人农机作业带来的改变是巨大的，这些无人农机的价格比普通农机贵不了多少，首先会为种植户节约人工成本，加快了作业速度，节省了时间成本，由于作业标准高，田间水稻的长势也比普通水田要好得多。

秧苗插得横平竖直，更好管理，也有利于水稻吸收肥、水、光照，现在看来，无人插秧机作业的水田地块长势比普通水田长势要好得多，抗击暴风雨的能力也特别强。今年引进了无人搅浆机、无人插秧机、施肥施药机等无人化机械百余种，在水田内广泛进行试验，整地、插秧、喷药等全过程的水稻作业都用上了无人机械，种植户普遍对无人农机很感兴趣。这个公司现有搅浆整地机械是 1 100 多台，插秧机是 2 300 多台。农业全过程无人作业，能够节约很多劳动力。也能够顺应广大种植户对农机精准化作业的一种需求。

2019 年 5 月，我国首轮农业全过程无人作业试验项目在农垦红卫农场有限公司启动，开启了垦区无人农业元年。大马力无人拖拉机、插秧机、施肥施药机、收割机等地面装备变得更智慧，农业生产更高效，更加符合垦区农业生产特点。

二、应用技术介绍

1. 病虫害预警预报平台

七星农场依托"互联网+农业"预警预报平台,精准预测预报 105 万亩水稻病虫害发生情况,提高防治效果,助推农业节本增效。建立国内领先水平的农业有害生物早期预警与控制区域站网络,利用监测点千万像素摄像头,对 105 万亩水稻进行精准预测预报,掌握病虫害发生、发展、消长动态,分析病虫害发生趋势,及时发布预报、预警和防控指导意见。优先制定防治方案,切实做到"早发现、早预警、早防治",最大程度降低病虫害防治作业面积。通过互联网平台手机终端,农业技术人员可快捷、有效、观察水稻长势情况,精准判断指导病虫害的预防与防治,促使农药防治都施用在高效期,最大程度降低农药施用量,提高水稻品质和效益,实现了农业生产措施标准化,经营管理准确化,提升农业生产水平。

农场借助互联网平台,多方融合物联网技术,通过辖区 225 个监测点,科学指导种植户病虫害防治工作,可有效降低病虫害防治成本每亩近 3 元,全年可节本增效近 300 万元,促进绿色农业健康持续发展(图 7-15)。

2. 水稻田间智能管理系统

前进农场农业技术推广中心利用校企合作引进八一农大水稻田间智能管理系统。该系统集合互联网平台观测水稻田间生长情况、气象预报、格田水位智能管理,通过手机 App 就可实现旱能入水,涝能排水,达到节水、节能,促进增产增收的目的。农场在水稻稻瘟病防治和极端天气等关键时期,安排专人每两小时发布降雨量信息和稻瘟病孢子监测情况,然后由管理人员发布到各种植户微信群中,大大提高服务效能(图 7-16)。

图 7-15　田间监测设备(一)

图 7-16　田间监测设备(二)

第五节 湖北深松监测系统案例

一、湖北省深松基本情况

湖北省从 2016 年开始，对季节性干旱严重、土壤保墒能力差、全年不种植水稻的旱田开展农机深松整地作业。截至目前，湖北省累计深松面积约 430 万亩，主要集中在襄阳市、黄冈市、荆门市、天门市等地区，特别是襄樊市，该市推广面积达 195 万亩，占全省推广总面积的 45.9%（图 7-17）。

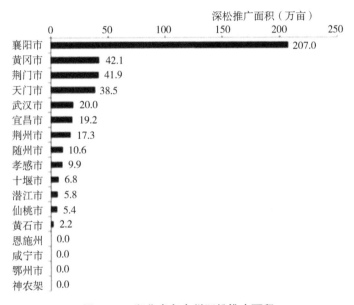

图 7-17 湖北省各市州深松推广面积

从各县市深松推广面积占当地旱地面积的比重来看，襄樊、黄冈、天门、荆门、随州等地的推广饱和度较大，基本上都在旱地面积的 30% 以上，尤其是襄樊市，占到旱地面积的 63.7%（图 7-18）。

从不同生态类型来看，鄂北岗地、鄂东沿江平原、鄂中丘陵等区域推广饱和度较高，都基本占各区域旱地面积的 30% 以上，特别是鄂北岗地区，深松面积占区域旱地面积的比重高达 86.4%，而鄂东北低山丘陵区、江汉平原区、鄂西北山地区、鄂东南低山丘陵区、鄂西南南山地区推广的饱和度较低（图 7-19）。

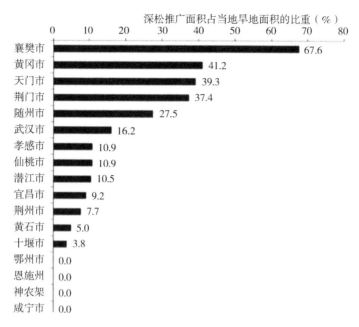

图 7-18 湖北省各市州深松推广面积占当地旱地面积的比重

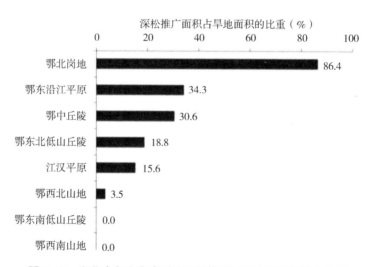

图 7-19 湖北省各生态类型区深松推广面积占旱地面积的比重

自 2016 年起，采用大田试验方法，在湖北省的潜江、沙洋、襄州、安陆等 4 个典型县市选择了 9 个试验点，对湖北省农机深松作业对土壤物理性质和作物产量的影响进行了研究。结果表明，与常规耕作相比，深松处理25cm以下土层的紧实度降低12.4%~51.0%，平均降低27.8%；20~30cm土层土壤容重降低2.1%~7.4%，平均降低3.8%；0~20cm、30~40cm土层土壤含水量分别增加13.1%、14.3%。同时，深松处理作物产量增加1.3%~17.0%，平均增产7.0%，玉米等深根系作物的增产效果好于花生、大豆等浅根系作物。

二、湖北省深松监测终端推广应用情况

截至2018年10月12日，全省38个农机深松整地作业试点县（市、区）共投入深松机具1 280余台，完成农机深松整地作业面积116.99万亩，已全部完成农业部下达的全年作业任务。

省农机局高度重视农机深松整地作业补助试点工作，深入调查研究，及时制定政策，细化分解任务，推广北斗技术，创新作业监管，积极探索了一条适宜湖北省实际情况的长效推广机制。

一是完善政策，落实任务。2017年年底，省农机局就下发通知，要求全省各地摸清适宜深松面积、所需机具数量以及有意开展深松作业的农机合作社等相关情况，鼓励有条件的地方申报2018年农机深松整地作业任务。今年5月，经与省财政厅充分协商，省农业厅下发了《关于做好2018年农机深松整地作业补助试点工作的通知》（鄂农计发〔2018〕13号），对2018年湖北省农机深松整地作业工作进行了全面安排和具体部署。

二是现场推进，典型引路。今年以来，湖北省农机局先后在"三个百万""三夏""三秋"等农机化生产现场推进活动中，通过现场深松作业演示、专家政策解读以及典型经验交流等方式，提高各地农机部门、农机合作社和农机企业对农机深松整地作业这一新技术的认识，为加快推进农机深松整地作业创造良好的环境。同时，加大宣传引导力度，采取多种形式广泛宣传农机深松整地作业的重要意义和增产增收效果，强化农机深松整地作业技术的宣传推介，提高广大农户和新型经营主体应用农机深松整地作业技术的积极性、主动性。

三是北斗助力，全程监测。省农机局为确保作业面积准确无误，切实减少基层核实作业面积投入，结合湖北省现代农业示范项目实施，将北斗监测技术引入农机深松整地作业领域，要求全省所有承担农机深松整地作业任务的农机专业合作社必须安装北斗深松作业监测终端，并主动接受自动监测。目前，已有江苏北斗卫星应用产业研究院有限公司等4家公司在湖北省开展

北斗深松监测设备安装业务，已安装北斗深松监测设备1 280余台。

四是全面监管，督办落实。湖北省农机局对全省38个农机深松整地作业试点县（市、区）的工作进度实行定期通报制度，每月都要求各地农机部门通过全国农机化综合管理系统填报深松作业进度。并下发通知，由省局领导带队，相关市州农机部门参加，对各深松试点县（市、区）开展督导检查，及时研究解决各地作业过程中出现的困难和问题。同时，进一步加强与财政部门的沟通协调，通过电话抽查、实地走访等方式进行抽检，坚决防止虚报作业面积、降低作业标准、套取补助资金等现象发生，坚决堵塞谎报、虚报等漏洞，确保补助资金安全。

第六节　黑龙江大数据中心案例

为借助信息化和网络化手段提升农机（特别是现代农机合作社农业机械）的管理与服务水平，黑龙江省投资200万元建设集管理与服务为一体的全省农机管理与服务平台——黑龙省农机管理调度指挥中心。黑龙江省农机调度指挥中心建设于2013年，是全国首家省级农机化信息指挥平台，目前已建成1个省级平台，13个市级平台，73个县级平台，通过左侧的链接，我们可以查看下属市县的农机化平台，实现了省市县三级农机管理平台联网运行，极大地提高了全省大型农机装备的信息化管理水平。

该"指挥中心"是依托"GPCS农机管理系统"和"国家金农网农机管理系统"而建立的全省农机管理和服务平台，建成后将实现以下几项主要功能：

一是对农业机械进行日常管理。"指挥中心"将与哈尔滨工业大学GPCS系统对接，实现全省农机合作社和所有获得财政补贴的大型农机精确定位（GPS）和实施定位，利用3G（未来的4G）技术进行全息影像通话；与农业部"金农工程"网络服务器对接，实现全省农机管理网络化。

二是对农机生产调度指挥。"指挥中心"将对春播、夏耕、秋收和秋整地的进度适时汇总，为全省耕种工作提供参考依据；农机跨区作业时，进行调度指挥；农忙季节时，及时高效地调配省内农机开展作业。

三是对农机售后服务远程化。整合农机推广、销售、鉴定、监理、维修等方面的专家，适时进驻指挥中心，开展农机远程交互式维修咨询和农机故障分析处理；开展农机保养检修远程技术指导；开展农机驾驶操作和机务管理技术咨询；开展农机新技术培训；开展整机、零配件等网上销售。

四是扩展其他功能。农机操作和机务管理技能培训系统；全省农委、农机部门的网络会议主会场；全省气候、作物种植、土壤情况和农业灾情分析及预测；利用云平台语音导航农机作业和行驶；农机车辆远程油量监控和分析。

平台重点突出农机大数据，以农机管理平台现有数据为基础，借助大数据计算工具，对合作社总体情况、合作社机具情况、我省农业作业进行综合分析，为全省农机行业提供宏观决策参考信息。系统包含"三个数据分析平台、五个服务支撑平台"。其中三个数据分析平台分别为：作业数据分析、合作社数据分析、农机数据分析；整个系统实现了多项指导农业生产重要数据的动态分析和展示，同时也为现代农机合作社的经营管理、农业相关部门的监督决策提供精准的数据参考依据。

附录 国务院关于加快推进农业机械化和农机装备产业转型升级的指导意见

国发〔2018〕42 号

各省、自治区、直辖市人民政府，国务院各部委、各直属机构：

农业机械化和农机装备是转变农业发展方式、提高农村生产力的重要基础，是实施乡村振兴战略的重要支撑。没有农业机械化，就没有农业农村现代化。近年来，我国农机制造水平稳步提升，农机装备总量持续增长，农机作业水平快速提高，农业生产已从主要依靠人力畜力转向主要依靠机械动力，进入了机械化为主导的新阶段。但受农机产品需求多样、机具作业环境复杂等因素影响，当前农业机械化和农机装备产业发展不平衡不充分的问题比较突出，特别是农机科技创新能力不强、部分农机装备有效供给不足、农机农艺结合不够紧密、农机作业基础设施建设滞后等问题亟待解决。为加快推进农业机械化和农机装备产业转型升级，现提出以下意见。

一、总体要求

（一）**指导思想。**以习近平新时代中国特色社会主义思想为指导，全面贯彻党的十九大和十九届二中、三中全会精神，认真落实党中央、国务院决策部署，紧紧围绕统筹推进"五位一体"总体布局和协调推进"四个全面"战略布局，牢固树立和贯彻落实新发展理念，适应供给侧结构性改革要求，以服务乡村振兴战略、满足亿万农民对机械化生产的需要为目标，以农机农艺融合、机械化信息化融合、农机服务模式与农业适度规模经营相适应、机械化生产与农田建设相适应为路径，以科技创新、机制创新、政策创新为动力，补短板、强弱项、促协调，推动农机装备产业向高质量发展转型，推动农业机械化向全程全面高质高效升级，走出一条中国特色农业机械化发展道路，为实现农业农村现代化提供有力支撑。

（二）**发展目标。**到 2020 年，农机装备产业科技创新能力持续提升，主要经济作物薄弱环节"无机可用"问题基本解决。全国农机总动力超过 10 亿千瓦，其中灌排机械动力达到 1.2 亿千瓦，农机具配置结构进一步优化，农机作业条件加快改善，农机社会化服务领域加快拓展，农机使用效率进一步提升。全国农作物耕种收综合机械化率达到70%，小麦、水稻、玉米等主要粮食作物基本实现生产全程机械化，棉油糖、果菜茶等大宗经济作物全程机械化生产体系基本建立，设施农业、畜牧养殖、水产养殖和农产品初加工机械化取得明显进展。

到2025年，农机装备品类基本齐全，重点农机产品和关键零部件实现协同发展，产品质量可靠性达到国际先进水平，产品和技术供给基本满足需要，农机装备产业迈入高质量发展阶段。全国农机总动力稳定在11亿千瓦左右，其中灌排机械动力达到1.3亿千瓦，农机具配置结构趋于合理，农机作业条件显著改善，覆盖农业产前产中产后的农机社会化服务体系基本建立，农机使用效率显著提升，农业机械化进入全程全面高质高效发展时期。全国农作物耕种收综合机械化率达到75%，粮棉油糖主产县（市、区）基本实现农业机械化，丘陵山区县（市、区）农作物耕种收综合机械化率达到55%。薄弱环节机械化全面突破，其中马铃薯种植、收获机械化率均达到45%，棉花收获机械化率达到60%，花生种植、收获机械化率分别达到65%和55%，油菜种植、收获机械化率分别达到50%和65%，甘蔗收获机械化率达到30%，设施农业、畜牧养殖、水产养殖和农产品初加工机械化率总体达到50%左右。

二、加快推动农机装备产业高质量发展

（三）完善农机装备创新体系。瞄准农业机械化需求，加快推进农机装备创新，研发适合国情、农民需要、先进适用的各类农机，既要发展适应多种形式适度规模经营的大中型农机，也要发展适应小农生产、丘陵山区作业的小型农机以及适应特色作物生产、特产养殖需要的高效专用农机。加强顶层设计与动态评估，建立健全部门协调联动、覆盖关联产业的协同创新机制，增强科研院所原始创新能力，完善以企业为主体、市场为导向的农机装备创新体系，研究部署新一代智能农业装备科研项目，支持产学研推用深度融合，推进农机装备创新中心、产业技术创新联盟建设，协同开展基础前沿、关键共性技术研究，促进种养加、粮经饲全程全面机械化创新发展。鼓励企业开展高端农机装备工程化验证，加强与新型农业经营主体对接，探索建立"企业+合作社+基地"的农机产品研发、生产、推广新模式，持续提升创新能力。孵化培育一批技术水平高、成长潜力大的农机高新技术企业，促进农机装备领域高新技术产业发展。（**工业和信息化部、发展改革委、科**

技部、农业农村部等负责。列第一位者为牵头单位，下同)

(四) **推进农机装备全产业链协同发展。**支持农机装备产业链上下游企业加强协同，攻克基础材料、基础工艺、电子信息等"卡脖子"问题。引导零部件企业与整机企业构建成本共担、利益共享的新型合作机制，推进新型高效节能农用发动机、大马力用转向驱动桥和农机装备专用传感器等零部件研发，加快关键技术产业化。推动整机企业加强技术创新和内部管理，提升智能化制造水平和质量管控能力，探索开展个性化定制、网络精准营销、在线支持服务等新型商业模式。建立健全现代农机流通体系和售后服务网络，创新现代农机服务模式。(**工业和信息化部、发展改革委、科技部、农业农村部、商务部等负责**)

(五) **优化农机装备产业结构布局。**鼓励大型企业由单机制造为主向成套装备集成为主转变，支持中小企业向"专、精、特、新"方向发展，构建大中小企业协同发展的产业格局。根据我国农业生产布局和区域地势特点等，紧密结合农业产业发展需求，以优势农机装备企业为龙头带动区域特色产业集群建设，推动农机装备均衡协调发展。支持企业加强农机装备研发生产，优化资源配置，积极培育具有国际竞争力的农机装备生产企业集团。推动先进农机技术及产品"走出去"，鼓励优势企业参与对外援助和国际合作项目，提升国际化经营能力，服务"一带一路"建设。(**工业和信息化部、发展改革委、农业农村部、商务部、国资委、国际发展合作署等负责**)

(六) **加强农机装备质量可靠性建设。**加快精准农业、智能农机、绿色农机等标准制定，构建现代农机装备标准体系。加强农机装备产业计量测试技术研究，支撑农机装备产业技术创新。建立健全农机装备检验检测认证体系，支持农机装备产业重点地区建立检验检测认证公共服务平台，提升面向农机装备零部件和整机的安全性、环境适应性、设备可靠性以及可维修性等试验测试和鉴定能力。对涉及人身安全的产品依法实施强制性产品认证，大力推动农机装备产品自愿性认证，推进农机购置补贴机具资质采信农机产品认证结果。加强农机产品质量监管，强化企业质量主体责任，对重点产品实施行业规范管理。督促农机装备行业大力开展诚信自律行动和质量提升行动，强化知识产权保护，加大对质量违法和假冒品牌行为的打击和惩处力度，开展增品种、提品质、创品牌"三品"专项行动。(**市场监管总局、工业和信息化部、发展改革委、农业农村部等负责**)

三、着力推进主要农作物生产全程机械化

（七）**加快补齐全程机械化生产短板。**聚焦薄弱环节，加大试验示范和服务支持力度，着力提升双季稻地区的水稻机械化种植、长江中下游地区的油菜机械化种植收获以及马铃薯、花生、棉花、苜蓿主产区的机械化采收水平。加快高效植保、产地烘干、秸秆处理等环节与耕种收环节机械化集成配套，探索具有区域特点的主要农作物生产全程机械化解决方案。大力发展甘蔗生产全程机械化，打造特色农产品优势区样板。按规定对新型农业经营主体开展深耕深松、机播机收等生产服务给予补助，大力推进产前产中产后全程机械化。**（农业农村部、发展改革委、财政部等负责）**

（八）**协同构建高效机械化生产体系。**加快选育、推广适于机械化作业、轻简化栽培的品种。将适应机械化作为农作物品种审定、耕作制度变革、产后加工工艺改进、农田基本建设等工作的重要目标，促使良种、良法、良地、良机配套，为全程机械化作业、规模化生产创造条件。支持推进现代农业产业技术体系、科技创新联盟、协同创新中心等平台建设，充分发挥现代农业产业园、农业科技园区、返乡创业园的科技支撑引领作用，提高农业机械化科技创新能力，加强产学研推用联合攻关，推动品种栽培装备等多学科、产前产中产后各环节协同联动，加快主要农作物生产全程机械化技术集成与示范。实施主要农作物生产全程机械化推进行动，率先在粮食生产功能区、重要农产品生产保护区、特色农产品优势区、国家现代农业示范区创建一批整体推进示范县（场），引导有条件的省份、市县和垦区整建制率先基本实现主要农作物生产全程机械化。**（农业农村部、发展改革委、科技部、工业和信息化部等负责）**

四、大力推广先进适用农机装备与机械化技术

（九）**加强绿色高效新机具新技术示范推广。**围绕农业结构调整，加快果菜茶、牧草、现代种业、畜牧水产、设施农业和农产品初加工等产业的农机装备和技术发展，推进农业生产全面机械化。加强薄弱环节农业机械化技术创新研究和农机装备的研发、推广与应用，攻克制约农业机械化全程全面高质高效发展的技术难题。稳定实施农机购置补贴政策，对购买国内外农机产品一视同仁，最大限度发挥政策效益，大力支持保护性耕作、秸秆还田离田、精量播种、精准施药、高效施肥、水肥一体化、节水灌溉、残膜回收利用、饲草料高效收获加工、病死畜禽无害化处理及畜禽粪污资源化利用等绿

色高效机械装备和技术的示范推广。加大农机新产品补贴试点力度，支持大马力、高性能和特色、复式农机新装备示范推广。鼓励金融机构针对权属清晰的大型农机装备开展抵押贷款，鼓励有条件的地方探索对购买大型农机装备贷款进行贴息。积极推进农机报废更新，加快淘汰老旧农机装备，促进新机具新技术推广应用。积极发展农用航空，规范和促进植保无人机推广应用。(**农业农村部、科技部、工业和信息化部、财政部、交通运输部、商务部、人民银行、银保监会、民航局等负责**)

(十) **推动智慧农业示范应用**。促进物联网、大数据、移动互联网、智能控制、卫星定位等信息技术在农机装备和农机作业上的应用。编制高端农机装备技术路线图，引导智能高效农机装备加快发展。支持优势企业对接重点用户，形成研发生产与推广应用相互促进机制，实现智能化、绿色化、服务化转型。建设大田作物精准耕作、智慧养殖、园艺作物智能化生产等数字农业示范基地，推进智能农机与智慧农业、云农场建设等融合发展。推进"互联网+农机作业"，加快推广应用农机作业监测、维修诊断、远程调度等信息化服务平台，实现数据信息互联共享，提高农机作业质量与效率。(**农业农村部、发展改革委、工业和信息化部、国资委等负责**)

(十一) **提高农业机械化技术推广能力**。强化农业机械化技术推广机构的能力建设，加大新技术试验验证力度。推行政府购买服务，鼓励农机科研推广人员与农机生产企业、新型农业经营主体开展技术合作，支持农机生产企业、科研教学单位、农机服务组织等广泛参与技术推广。运用现代信息技术，创新"田间日"等体验式、参与式推广新方式，切实提升农业机械化技术推广效果。提高农机公益性试验鉴定能力，加快新型农机产品检测鉴定，充分发挥农机试验鉴定的评价推广作用。(**农业农村部、工业和信息化部等负责**)

五、积极发展农机社会化服务

(十二) **发展农机社会化服务组织**。培育壮大农机大户、农机专业户以及农机合作社、农机作业公司等新型农机服务组织，支持农机服务组织开展多种形式适度规模经营，鼓励家庭农场、农业企业等新型农业经营主体从事农机作业服务。落实农机服务金融支持政策，引导金融机构加大对农机企业和新型农机服务组织的信贷投放，灵活开发各类信贷产品和提供个性化融资方案；在合规审慎的前提下，按规定程序开展面向家庭农场、农机合作社、农业企业等新型农业经营主体的农机融资租赁业务和信贷担保服务。鼓励发展农机保险，加强业务指导，鼓励有条件的农机大省选择重点农机品种，支持开展农机保险。农机融资租赁服务按规定适用增值税优惠政策，允许租赁农机等设备的实际使用人按规定享受农机购置补贴。农业机械耕作服务按规定适用增值税免征政策。(**农业农村部、财政部、人民银行、税务总局、银保监会等负责**)

(**十三**) **推进农机服务机制创新**。鼓励农机服务主体通过跨区作业、订单作业、农业生产托管等多种形式，开展高效便捷的农机作业服务，促进小农户与现代农业发展有机衔接。对于促进农业绿色发展的农机服务，积极推进按规定通过政府购买服务方式提供。鼓励农机服务主体与家庭农场、种植大户、普通农户及农业企业组建农业生产联合体，实现机具共享、互利共赢。支持农机服务主体及农村集体经济组织按规划建设集中育秧、农机具存放以及农产品产地储藏、烘干、分等分级等设施和区域农机维修中心。推动农机服务业态创新，建设一批"全程机械化+综合农事"服务中心，为周边农户提供全程机械作业、农资统购、技术培训、信息咨询、农产品销售对接等"一站式"综合服务。继续落实有关规定，免收跨区作业的联合收割机、运输联合收割机和插秧机车辆的通行费。(**农业农村部、发展改革委、财政部、自然资源部、交通运输部等负责**)

六、持续改善农机作业基础条件

(**十四**) **提高农机作业便利程度**。加强高标准农田建设、农村土地综合整治等方面制度、标准、规范和实施细则的制修订，进一步明确田间道路、田块长度宽度与平整度等"宜机化"要求，加强建设监理和验收评价。统筹中央和地方各类相关资金及社会资本积极开展高标准农田建设，推动农田地块小并大、短并长、陡变平、弯变直和互联互通，切实改善农机通行和作业条件，提高农机适应性。重点支持丘陵山区开展农田"宜机化"改造，扩展大中型农机运用空间，加快补齐丘陵山区农业机械化基础条件薄弱的短板。(**农业农村部、发展改革委、财政部、自然资源部、市场监管总局等负责**)

(**十五**) **改善农机作业配套设施条件**。落实设施农用地、新型农业经营主体建设用地、农业生产用电等相关政策，支持农机合作社等农机服务组织生产条件建设。加强县级统筹规划，合理布局农机具存放和维修、农作物育秧育苗以及农产品产地烘干和初加工等农机作业服务配套设施。在年度建设用地指标中，优先安排农机合作社等新型农业经营主体用地，并按规定减免相关税费。有条件的地区可以将晒场、烘干、机具库棚等配套设施纳入高标准农田建设范围。鼓励有条件的地区建设区域农机安全应急救援中心，提高农机安全监理执法、快速救援、机具抢修和跨区作业实时监测调度等能力。（**农业农村部、发展改革委、财政部、自然资源部、税务总局等负责**）

七、切实加强农机人才培养

（十六）**健全新型农业工程人才培养体系**。加强农业工程学科建设，制定中国特色农业工程类专业认证标准。引导高校积极设置相关专业，培养创新型、应用型、复合型农业机械化人才。支持高等院校招收农业工程类专业学生，扩大硕士、博士研究生培养规模。加大卓越农林人才、卓越工程师教育培养计划对农机人才的支持力度，引导相关高校面向农业机械化、农机装备产业转型升级开展新工科研究与实践，构建产学合作协同育人项目实施体系。推动实施产教融合、校企合作，支持优势农机企业与学校共建共享工程创新基地、实践基地、实训基地。发挥好现代农业装备职业教育集团作用。鼓励农机人才国际交流合作，支持农机专业人才出国留学、联合培养，积极引进国际农机装备高端人才。（**教育部、工业和信息化部、农业农村部等负责**）

（十七）**注重农机实用型人才培养**。实施新型职业农民培育工程，加大对农机大户、农机合作社带头人的扶持力度。大力遴选和培养农机生产及使用一线"土专家"，弘扬工匠精神，充分发挥基层实用人才在推动技术进步和机械化生产中的重要作用。通过购买服务、项目支持等方式，支持农机生产企业、农机合作社培养农机操作、维修等实用技能型人才。加强基层农机推广人员岗位技能培养和知识更新，鼓励大中专毕业生、退伍军人、科技人员等返乡下乡创办领办新型农机服务组织，打造一支懂农业、爱农村、爱农民的一线农机人才队伍。（**农业农村部、工业和信息化部等负责**）

八、强化组织领导

（十八）**健全组织实施机制**。建立由农业农村部、工业和信息化部牵头的国家农业机械化发展协调推进机制，统筹协调农业机械化和农机装备产业发展工作，认真梳理和解决突出问题，审议有关政策、重大工程专项和重点工作安排，加强战略谋划和工作指导，破除发展中的障碍。重大问题及时向国务院报告。（**农业农村部、工业和信息化部牵头负责**）

（十九）**强化地方政府责任**。各省级人民政府要认真研究实施乡村振兴战略对农机装备的需求，充分认识加快推进农业机械化和农机装备产业转型升级的重要性、紧迫性，将其作为推进农业农村现代化的重要内容，纳入本地区经济社会发展规划和议事日程，结合实际制定实施意见。深入贯彻落实《中华人民共和国农业机械化促进法》等法律法规，完善粮食安全省长责任制等政府目标考核中的农业机械化内容，建立协同推进机制，落实部门责任，加强经费保障，形成工作合力。**(各省级人民政府负责)**

（二十）**促进政府与市场良性互动**。充分尊重农民意愿，从根本上依靠市场力量和农民的创造性，及时发现和总结推广典型做法，因地制宜推进农业机械化发展。更好地发挥政府在推进农业机械化中的引导作用，重点在公共服务等方面提供支持，为市场创造更多发展空间。深入推进农机装备产业和农业机械化管理领域简政放权、放管结合、优化服务改革，推进政务信息公开，加强规划政策引导，优化鉴定推广服务，保障农机安全生产，切实调动各类市场主体的积极性、主动性和创造性。充分发挥行业协会在行业自律、信息交流、教育培训等方面的作用，服务引导行业转型升级。加强舆论引导，推介典型经验，宣传表彰先进，努力营造加快推进农业机械化和农机装备产业转型升级的良好氛围。**(农业农村部、工业和信息化部等负责)**

国务院

2018 年 12 月 21 日

参考文献

付明，2018. LED 植物生长补光灯在辽宁省茄果类蔬菜生产上的应用．
    蔬菜［J］．（08）：47-49.

郭成洋，范雨杭，张硕，等，2019. 园车辆自动导航技术研究进展［J］．
    （08）：87-96.

刘婵韬，李小龙，徐岚俊，等，2019. 农机作业精准监测管理技术的推
    广［J］．农机科技推广，（10）：35+37.

刘婵韬，徐岚俊，李治国，等，2015. 农机自动导航驾驶系统在北京市
    的试验及推广建议［J］．（S2）：33-36.

马丽红，高茜茜，常勇，等，2019. 基于物联网技术的果园环境监测系
    统实现探究［J］．农业与技术．（13）：22-23.

魏振，2020. 物理农业技术及常见设备技术分析．农业机械［J］．（05）：
    81-83.

徐岚俊，李小龙，陈华，等，2018. 基于作物长势实时监测的日光温室
    物联网系统研究［J］．（01）：71-75.

徐岚俊，张传帅，李小龙，等，2019. 北京市畜牧养殖精准饲喂技术应
    用调研［J］．农业工程，（11）：28-31.

张传帅，2020. 北京智能设施农业园区建设实践与思考［J］．农机科技
    推广，（03）：35-37+39.

张传帅，2020. 设施蔬菜固液混合水肥管理系统建设实践及思考［J］．
    蔬菜，（03）：46-49.

张传帅，李小龙，徐岚俊，2018. 设施农业物联网技术应用现状及探讨
    ［J］．农机科技推广．（01）：33-34.

张传帅，李小龙，徐岚俊，等，2017. 设施番茄长势监测技术研究现状
    及应用．（S1）：78-80.

张传帅，徐岚俊，李小龙，等，2019. 北京水肥一体化技术推广现状与
    对策［J］．农机科技推广．（05）：46-48.

张传帅，徐岚俊，刘婵韬，等，2015. 信息化技术在北京市设施农业生
    产中的应用及推广建议［J］．（S2）：40-42.

附件 1

附表 1-1　设计性能指标

技术参数	性能指标
锁定卫星数量	≥5 颗（空旷环境下）
定位精度	规定的距离内：水平方向 $10mm±D×10^{-6}mm$，垂直方向 $15mm±D×10^{-6}mm$
工作环境温度	$-30 \sim +70℃$

注：D—测量距离，单位为 km。

附表 1-2　作业性能要求

技术参数	性能指标
轨迹跟踪最大误差	≤4.0cm
轨迹跟踪平均误差	≤2.5cm
上线距离	≤5.0m
抗扰续航时间	≥10s
停机起步误差	≤5.0cm
作业轨迹间距平均误差	≤2.5cm

附表 1-3　导航线跟踪精度指标

	横向偏差/cm
AB 线	±2.5
A+线	±2.5
圆曲线	±2.5
自适应曲线	±5

附表 1-4　交接行精度

类型	横向偏差/cm
AB 线	±2.5

（续表）

类型	横向偏差/cm
A+线	±2.5
圆曲线	±2.5
自适应曲线	±5.5

附表 1-5　组合导航单元技术指标

序号	功能	指标
1	卫星星座	应支持 BDS、GPS、GLONASS 全星座
2	定位精度与可靠性（RMS）	RTK：　±（10+1×10⁻⁶×D）mm（平面） ±（20+1×10⁻⁶×D）mm（高程） 固定速度<10s 定位可靠性：>99.9%
3	姿态测量	应具有横滚、俯仰和航向三个方向的测量

附表 1-6　传感器技术参数

测定指标	参数	测定指标	参数
温度	范围：-40~120℃ 精度：±0.4℃ 分辨率：0.1℃	雨量	范围：0~4mm/min 精度：±0.1mm 分辨率：0.1mm
湿度	范围：0~100%RH 精度：±3%RH 分辨率：0.1%RH	二氧化碳浓度	范围：0~2 000mg/kg（如果要 5 000 mg/kg 或以上范围，订货前通知） 精度：±（50mg/kg+测量值×3%） 分辨率：1mg/kg
露点	范围：-40~120℃ 精度：±0.4℃ 分辨率：0.1℃	土壤温度	范围：-40~100℃ 精度：±0.5℃ 分辨率：0.1℃
光照强度	范围：0~200 000Lux 分辨率：1Lux 精度：±2%	土壤水分	范围：0~100% 精度：±3% 分辨率：0.1%
光合有效辐射	范围：0~2 700μmolm⁻²s⁻¹ 精度：±1μmolm⁻²s⁻¹ 分辨率：1μmolm⁻²s⁻¹	pH	范围：0~14pH 精度：±0.5
风向风速	范围：风速 0~45m/s 精度：±（0.3+0.03）m/s 风向：0~359° 精度：风向±3°	土壤盐分	范围：0~23ms/cm 精度：±2% 分辨率：0.01ms/cm

测定指标	参数	测定指标	参数
土壤紧实度	范围：0~100kg 精度：±5%	总辐射	范围：0~2 000w/m² 精度：1w/m²

附表 1-7　监测系统性能要求

序号	项目	指标/%
1	已播数测量误差率	≤5
2	重播数测量误差率	≤5
3	漏播数测量误差率	≤5
4	种子堵塞报警误差率	≤5
5	缺种报警误差率	≤5

附表 1-8　主要参数

项目	参数	项目	参数
肥料载重量程	1 500kg、3 000kg	供电电压	12VDC
悬挂方式	三点悬挂	通信方式	CAN BUS
播撒宽度	12~32m	称重传感器量程	7.5t
最大施肥速率	80L/min	称重传感器精度	±2kg
施肥精度	±5%	显示器	8寸彩色触摸屏
施肥速度范围	3~9km/h	GNSS接收机	BDS/GPS/GLONASS
响应速度	0.5s	防护等级	IP66

附件 2

附表 2-1　设施农业物联网监测参数介绍

监测参数	监测范围	监测精度	分辨率	特点
空气温度	（−20~70）℃	±0.5℃	0.1℃	稳定、成本低
空气湿度	（0~100）%RH	±3%RH	0.1%RH	稳定、成本低
光照度	（0~65 535）Lux	±7%	1Lux	稳定、成本较高
二氧化碳浓度	（0~2000）mg/kg	±（50mg/kg+测量值×3%）	1mg/kg	需要定期校准
土壤温度	（−20~70）℃	±0.5℃	0.1℃	稳定、成本低
土壤湿度	（0~100）%	±2%	0.1%	稳定、成本较高
土壤盐分	（0~20）ms/cm	±2%FS	0.01ms/cm	较少应用

附表 2-2　设施调控机构与调控参数介绍

调控机构	调控参数	应用情况
卷帘机	空气温度、光照度	应用普遍
卷膜器	空气湿度、空气温度	应用普遍
补光灯	光照度、空气温度	成本较高、普及率较高
空间电场	空气湿度、促生长、降低病害	效果不明显、普及率低
二氧化碳施放装置	二氧化碳浓度	成本较高、较少应用
循环风机	空气温度、空气湿度	普及较低

附表 2-3　水肥一体化技术组成装置参数

装置或组成	具体描述	参数	作用
蓄水装置	蓄水池，泵房下面，具有沉淀泥沙作业	长8m，宽5m，高3.5m，蓄水量120m³	保障灌溉水压稳定，减少管道泥沙含量
水泵装置	变频水泵，可调节出水量	离心泵功率：11kW，扬程44m，流量：47m³/h	提供灌溉动力，可调整出水量和水压
过滤装置	两级过滤，包括砂石过滤器和叠片过滤器	配有反冲洗功能	防止管道中杂质沉淀，堵塞滴灌带、微喷带

（续表）

装置或组成	具体描述	参数	作用
水肥控制主机	操作控制平台，配套电磁流量计	电磁流量计量程：14～140m³/h；远传压力表量程：0～1.6Mpa	可设置16种灌溉程序、灌溉日期、灌溉时间段、施肥时间段
施肥装置	包括施肥泵、PH和EC监测仪、搅拌器和三路注肥通道	注肥泵功率3kW，扬程450m，流量12m³/h，摆线针轮搅拌机，功率：0.75W，单只肥桶容量：500L	肥料搅拌、肥料监测及将肥料注入主管道
管道	包括温室外主管道，温室内支管道以及垄上滴灌带或者微喷带。	主管道直径为110mm，深度地下1m，温室内支管道直径为63mm，滴灌带、微喷带直径10mm	输送水肥
远程管理平台	包括管理云平台、手机App	可远程控制设置灌溉、施肥及查询相关数据	远程控制灌溉或施肥

附表 2-4　生产监控系统及参数介绍

系统名称	描述	技术参数	功能
视频监控系统	可远程控制球机及硬盘录像机	200W像素；红外距离240m；水平方向360°旋转，垂直方向−15～90°；云台控制	远程视频监控设施内蔬菜生长、设备运行状况，并保存相关视频
园区虫情病害测报系统	远程拍照式孢子捕捉装置	无线传输；气体采样流量120L/min，采集时间1～160min可设置，载玻片规格5.2cm×0.7cm	配套远程云平台，便捷查看园区农业病菌孢子浓度、害虫数量，及时预防农业病害发生
	远程拍照式虫情测报装置	太阳能供电、远程控制；20W幼虫光源，主波长365nm；1 200W工业相机，3块撞击屏夹角120°	
作物长势监测系统	茎秆直径微变化	茎秆直径：量程5～70mm，分辨率0.001mm	通过果实、茎秆、叶面温度的监测数据分析，预测作物不同生长期长势趋势
	果实直径微变化	果实直径：15～90mm，分辨率0.001mm	
	叶面温度	叶温：0～50mm，分辨率0.01℃	